普通高等教育计算机类课程系列教材
湖北高校一流本科课程配套教材

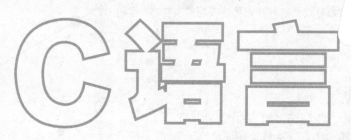

C语言
程序设计

（第二版）

李　聪　江　伟　胡烈艳◎主　编
朱　倩　张晓芳　熊　军◎副主编
聂玉峰◎主　审

中国铁道出版社有限公司

北　京

内 容 简 介

本书为普通高等教育计算机类课程系列教材之一，根据高等学校学生的特点，按照从基础性、实用性出发的原则编写而成，内容包括 C 语言及算法概述，数据类型、运算符与表达式，顺序结构程序设计，选择结构程序设计，循环结构程序设计，数组，函数，指针，结构体和枚举类型，文件等。本书深入浅出，案例题型丰富，一些题目来自实际生活，有利于培养学生利用编程解决实际问题的能力，提高学生对 C 语言的综合实践能力。

本书适合作为高等学校 C 语言程序设计课程的教材，也可作为全国计算机等级考试（二级）的培训教材，还可作为对 C 语言程序设计感兴趣的读者的自学用书。

图书在版编目（CIP）数据

C语言程序设计/李聪，江伟，胡烈艳主编. —2版. —北京：中国铁道出版社有限公司，2024.2（2024.11重印）
普通高等教育计算机类课程系列教材
ISBN 978-7-113-30817-9

Ⅰ.①C… Ⅱ.①李…②江…③胡… Ⅲ.①C语言-程序设计-高等学校-教材 Ⅳ.①TP312.8

中国国家版本馆CIP数据核字（2023）第242350号

书　　名：C 语言程序设计
作　　者：李 聪　江 伟　胡烈艳

策　　划：徐海英　　　　　　　　　　　　编辑部电话：(010) 51873135
责任编辑：翟玉峰　包 宁
封面设计：郑春鹏
责任校对：苗 丹
责任印制：赵星辰

出版发行：中国铁道出版社有限公司（100054，北京市西城区右安门西街 8 号）
网　　址：https://www.tdpress.com/51eds
印　　刷：天津嘉恒印务有限公司
版　　次：2019 年 8 月第 1 版　2024 年 2 月第 2 版　2024 年 11 月第 2 次印刷
开　　本：850 mm×1 168 mm　1/16　印张：16　字数：398 千
书　　号：ISBN 978-7-113-30817-9
定　　价：49.80 元

前　言

教育、科技、人才是全面建设社会主义现代化国家的基础性、战略性支撑，计算机技术是当今世界上发展极快、应用极广泛的科学技术之一。为了进一步适应人才培养的新形势，加快推进教育数字化，推动计算机教育的变革和创新，坚持为党育人、为国育才的原则，满足应用型本科及高职高专学生学习计算机程序设计的需要，特编写了本书。

C 语言是当今软件开发领域广泛使用的计算机语言之一，它既具备高级语言的特性，又具有直接操纵计算机硬件的能力，并以其丰富灵活的控制和数据结构、简洁而高效的语句表达、清晰的程序结构和良好的可移植性而拥有大量的使用者。目前，各高校理工科专业大多开设了 C 语言程序设计课程。同时，C 语言程序设计也是全国计算机等级考试（二级）科目之一。

在课程改革基础上，结合读者反馈意见，以及线上线下混合式教学的需求，编者对教材的第一版进行了修订。第二版保持了第一版内容的组织结构，修订了教材中的引例和示例，以及练习和习题，进一步强化以程序设计为主线，以案例和问题引入内容，坚持加强编程实践的教学设计理念。本书是湖北高校一流本科课程（线上线下混合式一流课程）[①]配套教材。全书共分 10 章，包括 C 语言及算法概述，数据类型、运算符与表达式，顺序结构程序设计，选择结构程序设计，循环结构程序设计，数组，函数，指针，结构体和枚举类型，文件等内容。书中列举了学生容易出现问题的典型例题及实际生活中的题目，以便于学生深入掌握重点内容，提高实践操作技能。本书体系结构安排合理、重点突出、难度适中，在语言叙述上注重概念清晰，适应计算机教学实际需要。

本书各章均附有习题，供读者练习思考，以加深对书中内容的理解。另外，书中重点和难点内容均已录制成视频，读者只需扫描书中对应位置的二维码，便可以进行在线学习。同时，本书还同步推出了配套的实验教材《C 语言程序设计实验指导与习题集》（第二版）

---

① 《湖北省教育厅关于公布 2020 年度省级一流本科课程认定结果的通知》（鄂教高函〔2021〕3 号）。

（李聪、朱倩、张晓芳主编），把 C 语言程序设计的方法融入实践环节。

本书具体编写分工如下：第 1、2 章由张晓芳编写，第 3、4 章由朱倩编写，第 5、9 章由江伟编写，第 6、8 章由胡烈艳编写，第 7 章由李聪编写，第 10 章由熊军编写。聂玉峰、朱倩、江伟、曾志华、李聪录制讲解视频。全书由李聪主持制订编写提纲并负责统稿，聂玉峰主审。

在本书的编写过程中，余正红、周凤丽、李庆、邓娟、周冰、杨艳霞、刘永真、李雪燕等老师提出了许多宝贵意见，在此表示衷心感谢！

由于时间仓促，编者水平有限，书中难免存在疏漏和不妥之处，恳请广大专家、读者批评指正。

编　者

2023 年 12 月

目 录

第1章
C 语言及算法概述

程序与程序设计是使用计算机进行开发的核心，没有程序的计算机可以说是毫无价值的。本章主要简单介绍计算机语言、C语言发展与特点、C语言程序的开发过程以及算法的知识。

视频 ●
C语言学习
指导

1.1　C 语言的诞生与发展

语言是人类最重要的交际工具，是人们进行沟通交流的各种表达符号。语言就广义而言，是一套共同采用的沟通符号、表达方式与处理规则，符号会以视觉、声音或者触觉方式来传递。狭义上的语言是指人类沟通所使用的语言——自然语言。一般人都必须通过学习才能获得语言能力，学习语言的目的是交流观念、意见、思想等。当人类发现了某些动物能够以某种方式沟通，就诞生了动物语言的概念。计算机诞生以后，人类需要给予计算机指令，这种指令就是通常所说的计算机语言。

计算机程序设计语言指用于人与计算机之间进行通信的语言，是人与计算机之间传递信息的媒介。人的指令通过计算机语言传达给计算机，计算机按照其对指令的理解进行相应的操作。一般来说，计算机语言由"字符"和"语法规则"组成，由这些字符和语法规则组合而成的计算机的各种指令（以语句形式体现）就是计算机语言。

计算机语言的种类很多，总体来说可以分为机器语言、汇编语言和高级语言，其中只有机器语言可以被计算机硬件直接识别，而其他两种语言都需要被翻译成机器语言才能够使计算机执行相关操作。

（1）机器语言：直接用二进制代码指令表达的计算机语言，指令是用0和1组成的一串代码，它们有一定的位数，并分成若干段，各段的编码表示不同的含义。

（2）汇编语言：面向机器底层的程序设计语言。在汇编语言中，用助记符代替了机器指令的操作码，用地址符号或标号代替了指令或操作数的地址，如此就增强了程序的可读性并化简了代码的编写难度。汇编语言又称符号语言。

（3）高级语言：所谓高级语言是相对于汇编语言而言的。由于汇编语言依赖于硬件体系，且助记符量大而难记，于是人们又发明了更加易用的高级语言。其语法和结构更类似普通英文，且由于远离对硬件的直接操作，使得一般人经过学习之后都可以掌握。本书中所要介绍的C语言就是一种高级语言。

这三种语言在时间上有着继承和发展的关系，从机器语言到高级语言，计算机语言变得越来越接近于人类语言（自然语言），从而使得编程变得越来越简单。计算机语言的发展对计算机的普及具有十分重要的贡献。

未来的计算机语言的发展将不再是单纯的语言标准，其趋势是完全面向对象、更易表达现实世界和更易为人编写。计算机语言将不仅被专业编程人员使用，人们完全可以用编程的手段订制真实生活中的一项工作流程。

在 C 语言诞生以前，系统软件主要是用汇编语言编写的。由于汇编语言程序依赖于计算机硬件，其可读性和可移植性都很差；但一般的高级语言又难以实现对计算机硬件的直接操作（这正是汇编语言的优势），于是人们盼望有一种兼有汇编语言和高级语言特性的新语言。

C 语言是贝尔实验室于 20 世纪 70 年代初研制出来的，后来又被多次改进，并出现了多种版本。80 年代初，美国国家标准化协会（ANSI）根据 C 语言问世以来各种版本对 C 语言的发展和扩充，制定了 ANSI C 标准（1989 年再次做了修订）。

目前，在微机上广泛使用的 C 语言编译系统有 Microsoft C、Turbo C、Borland C、Visual Studio 2015 等。虽然它们的基本部分都是相同的，但还是有一些差异，所以要注意自己所使用的 C 编译系统的特点和规定。

通过学习本课程，可使学生具备基本的阅读程序和编写程序的能力，以及应用计算思维方法分析和解决问题的能力，进一步培养学生程序设计、开发与测试能力，为后续相关课程的学习奠定坚实的基础，同时从以下几方面提升综合素质：

（1）高效利用资源能力：通过同一例子不同的解决方法讲解 C 语言编程时的优化技巧，并倡导学生在编写代码时注重资源的高效利用，从而培养学生节约资源、避免浪费的意识。

（2）弘扬团队合作精神：通过设计项目任务，要求学生以小组形式合作，共同完成一个较大规模的 C 语言程序。在此过程，鼓励学生相互协作、共同解决问题，培养团队合作精神和集体荣誉感。

（3）培养正确的竞争观念：积极参与编程竞赛，强调公平竞争、守规则，并倡导尊重对手、不以胜利为唯一衡量标准的正确竞争观念。

（4）强调程序员的社会责任：通过案例分析、讨论，介绍代码质量对软件安全性、用户隐私等方面的影响，鼓励学生关注代码质量和数据安全，培养程序员的社会责任感。

（5）弘扬自主创新精神：引导学生进行创新性的编程项目，鼓励他们挖掘问题、深入思考，提供独特的解决方案，培养学生勇于创新、不断追求进步的精神。

在 C 语言课程中，通过技术学习和实践引导，使学生形成正确的价值观和社会责任感，帮助学生在编程实践中提升综合素质。

1.2　C 语言的特点

C 语言作为一种计算机语言，有其个性、独特之处，也有其不足的地方。下面介绍 C 语言的特点。

1.　简洁紧凑、灵活方便

C 语言一共有 32 个关键字，9 种控制语句，程序书写自由，主要用小写字母表示。C 语言以接近英语国家的自然语言和数学语言为语言的表达形式，容易理解。C 语言把高级语言的基本结构和语句与低级语言的实用性结合起来，可以像汇编语言一样对位、字节和地址进行操作，而这三者是计算机最基本的工作单元。

2.　运算符丰富

C 语言的运算符包含的范围很广泛，共有 34 个运算符。C 语言把括号、赋值、强制类型转换等都作为运算符处理，从而使其运算类型极其丰富，表达式类型多样化。灵活使用各种运算符可以实现在其他高级语言中难以实现的运算。

3.　数据类型丰富

C 语言的数据类型有整型、实型、字符型、数组类型、指针类型、结构体类型、共用体类型等，能用来实现各种复杂数据类型的运算。C 语言也引入了指针概念，使程序效率更高。

4.　结构化程序设计语言

C 语言具有结构化程序语言所要求的三大基本结构，层次清晰，逻辑性强，便于维护、调试。

5.　程序设计自由度大

一般的高级语言语法检查比较严，几乎要求检查出所有的语法错误，而 C 语言允许程序编写者有较大的自由度，客观上降低了对程序员的要求，但这种不严格事实上也给程序留下了出现一些潜在错误的可能性，降低了程序的健壮性。

6.　允许直接访问物理地址

在计算机世界中，位（bit）是最小的单位，1 位就是 1 个二进制位，只有两种取值：0 和 1。C 语言能进行位运算，能实现汇编语言的大部分功能，能对硬件直接操作。很多嵌入式系统中的单片机都提供 C 语言编译器，如 51 系列单片机、MSP430、ARM 等。

7.　程序生成代码质量高

机器语言是能被计算机直接执行的语言，效率最高。汇编语言次之，基本接近于机器语言的效率。而 C 语言一般只比汇编程序生成的目标代码效率低 10% ～20%。

8.　可移植性好

C 语言的一个突出优点是适合于多种操作系统（如 DOS、UNIX），也适用于多种机型。用 C 语言编写的程序不需要做很多改动就可以从一种机型上移到另一种机型上运行。

总之，C 语言既具有高级语言的特点，又具有低级语言的特点；既是一个成功的系统设计语言，又是一个实用的程序设计语言；既能用来编写不依赖计算机硬件的应用程序，又能用来编写各种系统程序。尽管 C 语言也有不足，如对数组下标越界不做检查、对变量类型约束不严格等，但仍是一种很受欢迎、应用广泛的程序设计语言。

1.3　C 语言的基本结构

前两节介绍了 C 语言的诞生、发展及特点，那么 C 语言具有什么样的结构？本节将通过一个简单的例子来说明 C 语言的基本结构。

视　频

C 程序基本
结构

例1.1　在屏幕上显示 "Hello World！"。

```
1  #include <stdio.h>
2  int main()                      /* 主函数中实现在屏幕上输出一行字符串 "Hello World！"*/
3  {
4      printf("Hello World！");          // 输出字符串 "Hello World！"
5      return 0;
6  }
```

通过以上程序，总结如下：

1. 函数是 C 程序的基本单位

函数是C程序的基本单位，即C程序是由函数构成的。

（1）一个C程序必须有且仅有一个用main()函数作为名字的函数，这个函数通常称为主函数。C程序总是从main()函数开始执行，最后由main()函数结束，而与它在程序中的位置无关。

（2）根据需要，一个C程序可以包含零到多个用户自定义函数。关于自定义函数的相关知识点将在第7章进行详细介绍。

（3）函数中可以调用系统提供的库函数，在调用之前需要将相应的头文件包含到本文件中。例如，使用系统输入/输出函数时，需要用编译预处理命令：

```
#include <stdio.h>
```

将头文件stdio.h包含到本文件中。stdio.h是C编译程序提供的许多头文件之一，其中含有标准输入/输出函数。C语言本身并没有输入/输出语句，输入/输出功能需要通过函数来实现，而用到哪种类型的函数，就需要包含相应类型的头文件。程序中调用标准输入与输出函数之前，必须先写上 #include <stdio.h> 预处理命令，并独占一行，一般写在源程序文件的开始部分。

2. 函数由函数首部和函数体两部分组成

（1）函数首部包括对函数返回值类型、函数名、形参类型、形参名的说明，具体内容详见第7章。当然，有时函数也可以没有形参，这时函数名后的一对圆括号不能省略，如例1.1中对主函数main()的定义。

（2）函数体由函数首部下面最外层的一对花括号中的内容组成，包括变量声明语句和执行语句。变量声明语句是对函数中"对象"的描述，执行语句是对函数所要实现的"动作"的描述，由一系列可执行语句组成。

3. C 程序的书写格式与规范

（1）除复合语句外，C语句都是以分号作为结束标志的。注意，本书程序中语句前面的行号并非程序语句的一部分，只是为了便于解释程序语句的功能而额外添加的。

（2）C程序的书写格式比较自由，既允许在一行内写多条语句，也允许将一条语句分写在多行，而不必加任何标识。为了提高程序的可读性和可测试性，建议读者模仿本书例题的书写格式书写程序，一行内只写一条语句，养成良好的、规范的程序设计风格。

（3）在C程序中还有一些用"/*"和"*/"包含起来的内容，称为注释，是对程序功能的必要说明和解释。

C编译程序并不对注释的内容进行语法检查，可用英文也可以用汉字来书写注释内容。分为单行注释和多行注释（又称块注释）。

　　C99 允许使用双斜线 "//" 进行单行注释，只要字符 "//" 在一对引号之外的任何地方出现，一行中双斜线后面的内容都会被处理为注释。

　　多行注释由 "/*" 开头，由 "*/" 结尾，两者中间的内容都被当作注释来处理。写注释时应注意左斜线 "/" 和星号 "*" 之间不能留有空格。

　　虽然有无注释并不影响程序的功能和正确性，但由于注释能起到 "提示" 代码的作用，有助于读者更快、更好地理解程序，提高程序的可读性。因此，规范化程序设计提倡给程序添加必要的注释。

1.4　C 语言程序的开发过程

　　如果没有一个完整的、交互性良好的集成开发环境（integrated development environment，IDE），C 语言很难解决实际问题。在 Windows 环境下，适合 C 语言开发的 IDE 很多，如 CodeBlocks、VC++ 6.0、Turbo C、Dev-C++ 和 Visual Studio 2015 等，本书介绍在 Visual Studio 2015 集成开发环境下的 C 语言开发过程。

　　任何语言都可以理解为一种用于交流的工具。例如，汉语，用于会说汉语的人之间进行交流；英语，用于会英语的人之间进行交流。而 C 语言可以理解为一种用于人与计算机交流的工具，用于解决实际问题。正确安装 Visual Studio 2015 后，便可以在其上进行 C 语言程序的开发。

　　本节以屏幕上输出 "Hello World！" 为例，讲解 C 语言程序在 Visual Studio 2015 环境下的开发步骤。

　　（1）新建项目。打开 Visual Studio 2015 环境，选择 "文件" → "新建" → "项目" 命令，如图 1.1 所示。

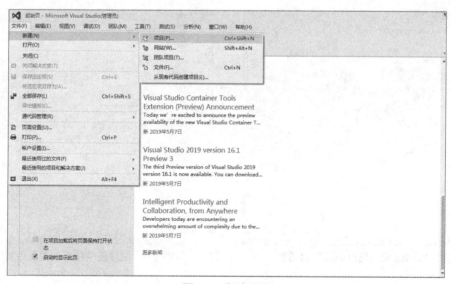

图 1.1　新建项目

（2）选择模板。在弹出的对话框中选择Visual C++选项下方的Win32子选项，在右侧窗口中选中Win32 控制台应用程序选项，并在工程名称位置填写项目的名称，如Test01。然后在位置处选择该项目存放的位置，这里存放在E盘下的CProgram文件夹内，如图1.2所示。

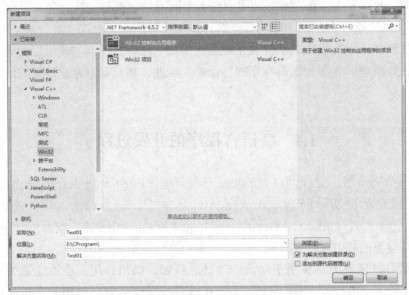

图 1.2 "新建项目"对话框

（3）单击"确定"按钮，弹出"Win32应用程序向导"对话框，单击"下一步"按钮，如图1.3所示。

（4）在Win32应用程序向导中选择"应用程序类型"为"控制台应用程序"，在"附加选项"区域选中"空项目"复选框，然后单击"完成"按钮即可，如图1.4所示。

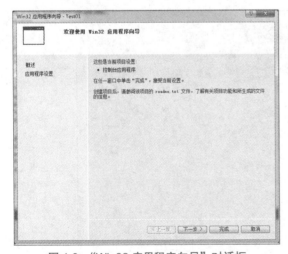

图 1.3 "Win32 应用程序向导"对话框

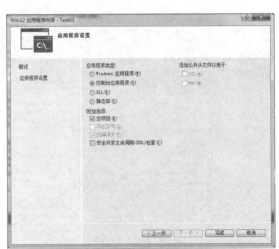

图 1.4 设置应用程序类型及附加选项

（5）在 Visual Studio 2015 主窗口的"解决方案资源管理器"中右击"源文件"选项，在弹出的快捷菜单中选择"添加"→"新建项"命令，如图 1.5 所示。

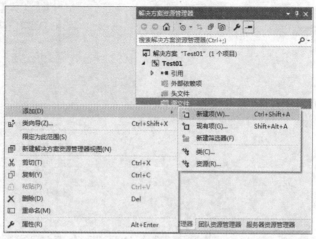

图 1.5 添加新建项

（6）添加源文件。在弹出的"添加选项"对话框中选择"Visual C++"，然后在右侧选择"C++ 文件 (.cpp)"，并在对话框下方填写文件名称（如"Test01.c"），最后单击"添加"按钮，如图 1.6 所示。

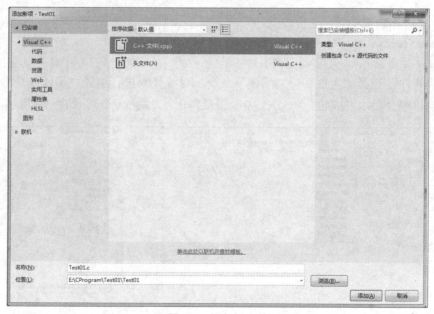

图 1.6 添加源文件

（7）编写代码。在程序主视图下编写 C 语言代码，如图 1.7 所示。

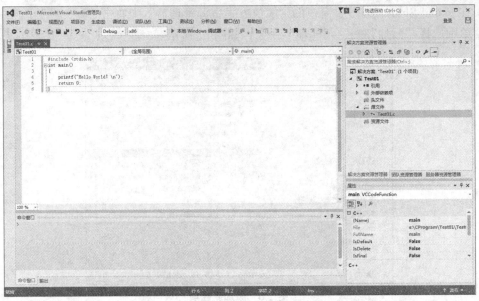

图 1.7 编写代码

程序代码如下：

```
1    #include <stdio.h>
2    int main()
3    {
4        printf("Hello World! \n");
5        return 0;
6    }
```

（8）编译程序。选择"生成"→"编译"命令，对源代码进行编译。编译成功时，主窗口下方"输出"窗口中会显示"成功1个，失败0个，最新0个，跳过0个"，如图1.8所示。

图 1.8 编译程序

（9）执行程序。选择"调试"→"开始执行（不调试）"命令，执行程序，如图1.9所示。

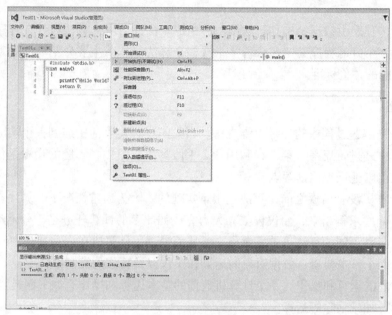

图 1.9 执行程序

程序执行运行结果如图1.10所示。

图 1.10 程序运行结果

通过以上详细讲解，可以总结出C语言程序开发过程：编辑（.c文件）—编译（.obj文件）—连接（.exe文件）—运行。

注意：编写程序一定要先保存，再进行编译，否则如果遇到异常，之前编写的程序或修改的程序不会保存。

1.5　算　法

一般情况下，程序由数据结构和算法两部分组成，由此可见，算法设计在程序设计中具有举足轻重的地位。一个好的程序必定包含着一个或多个算法。本节主要介绍算法的基本概念、算法的特征和算法性能的评价标准。

1.5.1　算法概述

●视 频
算法概述

算法是解题过程中的一种思维方法。当人们在现实生活中遇到一个实际问题时，通常按照如下方式进行思考：第一，利用什么手段解决；第二，解题的步骤是什么。一个好的算法可以清晰地反映出这两点。

在计算机没有出现之前，算法是很难实现的。因为通常情况下，算法都需要计算许多次才能将问题求解出来，而仅仅依靠人力完成如此多的计算任务是十分困难的。计算机出现之后，各种不同的算法也被发掘出来，从而带动了计算机在人类社会中的快速发展。

算法包含了两个基本要素：数据对象的运算和操作以及算法的控制结构。

（1）数据对象的运算和操作。一个计算机数据的基本运算和操作有如下四类：

①算术运算：加减乘除等运算。

②逻辑运算：或、与、非等运算。

③关系运算：大于、小于、等于、不等于等运算。

④数据传输：输入、输出、赋值等运算。

（2）算法的控制结构：一个算法的功能结构不仅取决于所选用的操作，而且还与各操作之间的执行顺序有关。

1.5.2　算法的特征和评价

●视 频
算法的特性
及描述

1. 算法的特征

算法作为能确实解决某个问题的策略，应该具备以下5个重要特征，不能满足其中任意一条均不能称其为算法。

（1）有穷性：算法必须能在执行有限步骤之后终止。这主要是指在算法中不能出现无限循环。

（2）确定性：算法的每一步骤必须有确切的定义，不能出现模棱两可的情况。

（3）输入：一个算法有 0 个或多个输入，以刻画运算对象的初始情况，所谓 0 个输入是指算法本身定出了初始条件。

（4）输出：一个算法有一个或多个输出，以反映对输入数据加工后的结果，没有输出的算法是毫无意义的。

（5）有效性：算法中的每一个步骤都应当能被有效地执行，并得到确定的结果。例如，当 $a=0$ 时，b/a 是不能被有效执行的。

2. 算法的评价

同一问题可以使用不同算法解决，于是就涉及算法的比较和评价。一个算法的质量优劣将影响到整个程序的执行效率。算法的评价标准主要有"时间复杂度"和"空间复杂度"两方面。对许多算法的改进，就是从这两方面着手的。除了这两个主要评价标准外，还有另外三个次要方法，下面对这五个算法评价标准分别进行介绍。

（1）时间复杂度：算法的时间复杂度是指执行算法所需要的时间。一般来说，如果算法中涉及 n 个元素，那么算法可以被描述为问题规模 n 的函数 $f(n)$，算法的时间复杂度也因此记作 $T(n)=O(f(n))$，所以，问题的规模 n 越大，算法的时间复杂度也越大。算法执行时间的增长率与 $f(n)$ 的增长率相关，称为渐进时间复杂度。

（2）空间复杂度：算法的空间复杂度是指算法需要消耗的内存空间。其计算和表示方法与时间复杂度类似，一般都用复杂度的渐进性表示。同时间复杂度相比，空间复杂度的分析要简单得多。

（3）正确性：算法的正确性是评价一个算法优劣的最重要的标准。

（4）可读性：算法的可读性是指一个算法可供人们阅读的容易程度。

（5）健壮性：健壮性是指一个算法对不合理数据输入的反应能力和处理能力，又称容错性。

1.5.3　算法的表示方法

一个算法需要让人理解和明白，就必须使用某种方法将其表示出来。算法的主要表示方法有自然语言表示法、流程图表示法和伪代码表示法。下面以求解 sum=1+2+3+4+…+(n-1)+n 为例介绍这三种算法表示方法。

1. 自然语言表示法

所谓自然语言表示法，顾名思义，就是用人类在平时交流中使用的语言来描述一个算法。

例1.2　从 1 开始的连续 n 个自然数累加。

（1）确定一个不小于1的正整数 n 的值，作为循环次数的上限。

（2）设定当前次的循环次数 i 的值为1，且该值同样等于当前次进行累加的值。

（3）设置累加和为 sum 且初始值为0。

（4）如果当前次循环小于循环次数上限，即 $i \leqslant n$ 时，顺次执行第（5）步，否则跳转到第（8）步。

（5）计算 sum（当前次的累加和）加上 i（当前次的累加值）的值后，将新产生的累加和重新赋值给 sum（此时 sum 表示经过累加后的和）。

（6）进入下一次执行过程，使当前循环次数 i 加1，然后将值重新赋值给 i。

（7）判断新的循环次数 i 是否已超出限制，跳转到第（4）步。

（8）输出 sum 的值，算法结束。

这种算法的主要特点是用纯粹的文字来表示，几乎没有运算符号和流程控制符号，和人日常的说话方式十分接近。从上面描述的求解过程中，不难发现，使用自然语言描述算法的方法虽然比较容易掌握，但是存在着很大的缺陷。例如，当算法中含有多分支或循环操作时很难表述清楚。另外，使用自然语言描述算法还很容易造成歧义（称为二义性），例如有这样一句话——"武松打死老虎"，既可以理解为"武松/打死老虎"，又可以理解为"武松/打/死老虎"。自然语言中的语气和停顿不同，就可能使他人对相同的一句话产生不同的理解。为了解决自然语言描述算法中存在的二义性，人们又提出了第二种描述算法的方法——流程图表示法。

2. 流程图表示法

在正式介绍流程图前，先看一下什么是结构化程序设计。结构化程序设计是进行以模块功能和处理过程设计为主的详细设计的基本原则。它的主要观点是采用自顶向下、逐步求精及模块化的程序设计方法。

（1）自顶向下：程序设计时，应先考虑总体，后考虑细节；先考虑全局目标，后考虑局部目标。不要一开始就过多追求众多的细节，先从最上层总目标开始设计，逐步使问题具体化。例如，我国在建设法制社会的过程中，需要逐步完善各种法律法规。在这个过程中，应该先从大局上完善最具有权威的法律——宪法，然后再完善其他的法律法规，如刑法、民法等。

（2）逐步细化：对复杂问题，应设计一些子目标作为过渡，逐步细化。例如，人们常说的实现中华民族的伟大复兴，这个目标涉及的面比较广，可以先设计物质上、文化上、精神上的目标，然后再逐步实现其他目标。

（3）模块化：一个复杂问题，肯定是由若干个稍简单的问题构成。模块化是把程序要解决的总目标分解为子目标，再进一步分解为具体的小目标，把每一个小目标称为一个模块。

既然涉及结构化，则必须要在设计过程中采用一定的结构。结构化程序设计中有三种基本结构：顺序结构、选择结构和循环结构。

（1）顺序结构：表示程序中的各条语句是按照它们出现的先后顺序执行的。大多数人的学习经历就是这种结构的，先上幼儿园，然后小学，再然后中学、大学。

（2）选择结构：表示程序的处理步骤出现了分支，它需要先设定一个条件，根据程序执行的结果来判断条件是否可以满足，如果满足，执行其中一个分支；如果不满足，则执行另一个分支。例如，当本科毕业之后，可以选择上研究生继续深造，或者是选择直接工作。当然，我们不可能同时选择上研究生和工作。选择结构有单选择、双选择和多选择三种形式。

（3）循环结构：首先设定循环条件，当满足条件时，程序反复执行某个或某些操作，直到条件不再满足时才可终止循环。最直观的例子就是田径中的跑步运动，只有当跑完规定的圈数后方能停下来，否则就要绕着环形跑道循环跑。

结构化程序中的任意基本结构都具有唯一入口和唯一出口，并且程序不会出现死循环。在实际设计过程中，一般不会只包含某种单独的结构，而会是这三种基本结构的混合结构。流程图是实现结构化程序设计的图形表示方式。

流程图表示法是指用特定的图形符号配合文字说明来对算法进行描述的方法。流程图使用一些标准符号代表某些类型的动作，如判断用菱形框表示，具体活动用方框表示，表1.1详细介绍了流程图中的各种符号及其作用。

表 1.1　流程图中的符号及其作用

符　号	名　称	作　用
⬭	开始、结束符	表示算法的开始和结束
▱	输入 / 输出框	表示算法过程中，从外部获取的信息（输入），然后将处理完的信息输出
▭	处理框	表示算法过程中，需要处理的内容，只有一个入口和一个出口
◇	判断框	表示算法过程中的分支结构，菱形框的 4 个顶点中，通常用上面的顶点表示入口，根据需要用其余的顶点表示出口
→	流程线	算法过程中指向流程的方法

例 1.3　使用流程图表示从 1 开始的连续 n 个自然数相加的算法。

从 1 开始的连续 n 个自然数相加的算法流程图如图 1.11 所示。

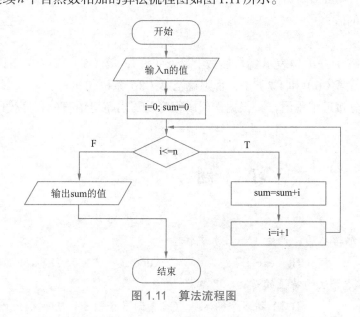

图 1.11　算法流程图

　　流程图的优点是用图形化的方法表示算法过程十分直观形象，同时也便于理解。流程图的缺点是在使用标准中没有规定流程线的用法，因为流程线能够转移、指出流程控制方向，即算法中操作步骤的执行次序。在早期的程序设计中，曾经由于滥用流程线的转移而导致了可怕的"软件危机"，震动了整个软件业，并展开了关于"转移"用法的大讨论，从而产生了计算机科学的一个新的分支学科——程序设计方法。

　　无论是使用自然语言还是使用流程图描述算法，仅仅是表述了编程者解决问题的一种思路，都无法被计算机直接接收并进行操作。由此这里引进了第三种非常接近于计算机编程语言的算法描述方法——伪代码表示法。

3. 伪代码表示法

　　伪代码是一种介于自然语言与编程语言之间的算法描述语言。使用伪代码的目的是使被描述的算法可以容易地以任何一种编程语言实现，例如程序设计语言 C 或 C++ 等。因此，伪代码必须结构清晰、代码简单、可读性好，并且类似自然语言。它实际上是以编程语言的书写形式指明算法职能。使用伪代码，不用拘泥于具体实现。相比程序语言，它更类似自然语言。伪代码并没有一个书写标准，只要能用类似自然语言的方式将算法描述出来就是伪代码表示法。这里的伪代码书写仅为读者提供一个实例，除此之外，还有很多种书写方法。

例1.4　用伪代码的方法描述从 1 到 *n* 的所有自然数相加的算法。

（1）算法开始；

（2）输入n的值；

（3）i ← 1；

（4）sum ← 0；

（5）do {

（6）sum ← sum + i；

（7）i ← i + 1；}while(i<=n)；

（8）输出 sum 的值；

（9）算法结束；

例1.4中的第（3）条语句表示将自然数1赋予变量i，第（5）～（7）条语句表示只要满足i<=n的条件，则执行第（6）和（7）条，否则跳至第（8）条语句执行。

由于伪代码十分接近编程语言，根据伪代码很容易写出特定语言的程序代码，这是伪代码的一大优点。

习　题

一、选择题

1. C 语言经过编辑之后，产生（　　）文件。

　　A．.obj　　　　　　B．.exe　　　　　　C．.docx　　　　　D．.c

2. 以下选项不是算法的特性的是（　　）。

　　A．有穷性　　　B．1到多个输入　　C．1到多个输出　　D．确定性

3. 以下选项不是 C 语言控制结构的是（　　）。

　　A．顺序结构　　　B．选择结构　　　C．循环结构　　　D．分层结构

4. 传统流程图中，平行四边形代表（　　）。

　　A．开始　　　　　B．处理框　　　　C．输入 / 输出　　D．结束

5. 以下不是 C 语言集成开发环境的是（　　）。

　　A．VC++ 6.0　　B．CodeBlocks　　C．Turbo C　　　D．Office

二、填空题

1. 机器语言、汇编语言和高级语言中，只有_____可以被计算机硬件直接识别。

2. C 语言程序由_____组成。

3. 算法的重要特性包括_____、确定性、输入、输出和有效性等五个方面。

4. 算法的描述方式有自然语言、_____、_____、伪代码和计算机语言。

5. C 语言中有两种注释，分别是单行注释和_____。

6. C 语言源程序经过编辑、_____、连接后产生可执行文件。

第2章
数据类型、运算符与表达式

语言是人与人交流的工具，而程序设计语言则是人与计算机交流的工具，人们通过设计程序操作计算机，使其具有强大的各种功能。与自然语言类似，计算机语言也有相应的语法和书写规范，只有符合规范的程序才可以在计算机上运行。本章主要介绍C语言的基本语法要求，包括数据类型、运算符以及表达式。

2.1 数 据 类 型

程序在运行时所处理的基本单元是数据，但对于计算机硬件系统而言，数据类型的概念并不存在。在高级语言中，数据之所以要区分类型，主要是为了能更有效地组织数据，规范数据的使用，提高程序的可读性。不同类型的数据在数据存储形式、取值范围、占用内存大小及可参与的运算种类等方面都有不同。C语言提供的数据类型分类如图2.1所示。

视频
数据类型

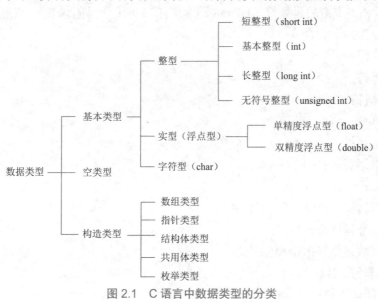

图 2.1　C 语言中数据类型的分类

图 2.1 中基本数据类型后括号内是该数据类型的关键字，关于关键字的内容介绍详见 2.2 节。

2.2　常　见　符　号

例 1.1 中，遇到带有一定含义的标识符号，这些标识符号分别代表不同的含义。C 程序中常见的标识符号主要有以下六类：

1. 关键字

关键字（keyword）又称保留字，是 C 语言中预先规定的具有固定含义的一些单词，如例 1.1 中的 int 和 return，用户只能按预先规定的含义来使用它们，不能擅自改变其含义。C 语言提供的关键字详见附录 D。

2. 标识符

标识符（identifier）分为系统预定义标识符和用户自定义标识符两类。

顾名思义，系统预定义标识符的含义是由系统预先定义好的，如例 1.1 中的主函数名 main、库函数名 scanf 和 printf 等。与关键字不同的是：系统预定义标识符允许用户赋予新的含义，但这样做会失去原有的预先定义的含义，从而造成误解，因此这种做法是不提倡的。

用户自定义标识符是由用户根据需要自行定义的标识符，通常用作函数名、变量名等。用户自定义标识符需要遵循如下规则：

（1）只能由字母、数字、下画线组成，且不能以数字开头。

（2）严格区分大小写，即大小写不同被编译器认为是两个不同的标识符。

（3）关键字不可以作为自定义标识符；系统预定义标识符可以，但不推荐。

（4）最好做到"见名知义"。

3. 运算符

C 语言提供了相当丰富的运算符（operator），共有 34 种（详见附录 B）。按照不同的用途，这些运算符大致可分为如下 13 类：

（1）算术运算符：+、-、*、/、%。

（2）关系运算符：>、>=、==、<、<=、!=。

（3）逻辑运算符：!、&&、||。

（4）赋值运算符：=。

复合的赋值运算符：+=、*=、/=、%= 等。

（5）增 1 和减 1 运算符：++、--。

（6）条件运算符：?:。

（7）强制类型转换运算符：(类型名)。

（8）指针和地址运算符：*、&。

（9）计算字节数运算符：sizeof。

（10）下标运算符：[]。

（11）成员访问运算符：.、->。

（12）位运算符：<<、>>、|、^、&、~。

（13）逗号运算符：,。

4. 分隔符

就像写文章要有标点符号一样，写程序也要有一些分隔符（separator），否则，如果缺少必要的分隔符，程序就会出错。在 C 程序中，空格、回车/换行、逗号等，在各自不同的应用场合起着分隔符的作用。例如，程序中的相邻保留字、标识符之间应由空格或回车/换行作为分隔符，逗号则用于相邻同类项之间的分隔。例如，在声明相同类型的变量之间可用逗号分隔，在向屏幕输出的变量列表中，各变量或表达式之间也用逗号分隔。下面两条语句中的逗号就起着这样的分隔作用。

```
int a,b,c;
printf("%d%d%d\n",a,b,c);
```

5. 数据

程序处理的数据有变量（variable）和常量（constant）两种基本数据形式。例如，例 1.1 中的"Hello World!"和 0 都是常量，只是类型不同而已。其中，前者是字符串常量，后者是整型常量。常量与变量的区别在于：在程序运行过程中，常量的值保持不变，变量的值则是可以改变的。

6. 其他符号

除上述符号外，C 语言中还有一些有特定含义的符号，如花括号"{"和"}"通常用于标识函数体或者一个语句块（即复合语句）。再如，"/*"和"*/"是程序注释所需的定界符。

2.3　常　　量

常量是一种在程序中保持固定类型和固定值的数据。按照类型划分有以下几种常量：整型常量、实型常量、字符常量、字符串常量、枚举常量。除枚举类型外，编译系统从它们的数据表示形式上就能区分它们的类型。

视频

常量与变量

2.3.1　整型常量

1. 整型常量的表示形式

计算机中的数据都以二进制形式存储。在 C 语言中，为便于表示和使用，整型常量可以用十进制（decimal）、八进制（octal）、十六进制（hexadecimal）三种形式表示，编译系统会自动将其转换为二进制形式存储。整型常量的表示形式见表 2.1。

表 2.1　整型常量的表示形式

形　　式	特　　点	举　　例
十进制	由 0 ~ 9 的数字序列组成，数字前可以带正负号	如 123、−100、0、+7 是合法的十进制整数，而 123.4 是非法的十进制整数
八进制	以 8 为基数的数制系统称为八进制。八进制整数由以数字 0 开头，后跟 0 ~ 7 的数字序列组成	如 021、−017 是合法的八进制整数，它们分别代表十进制数 17、−15，而 089 作为八进制整数是非法的

续表

形　式	特　点	举　例
十六进制	以 16 为基数的数制系统称为十六进制。十六进制整数由数字 0 加字母 x（大小写均可）开头，后跟 0～9、a～f（大小写均可）的序列组成	如 0x12、-0x1F 是合法的十六进制整数，它们分别代表十进制数 18、-31

2. 整型常量的类型确定

长整型常量由常量值后跟 L 或 l 来表示，如-256l、1024L 等。

无符号整型常量由常量值后跟 U 或 u 来表示，如 30u、256U 等，但不能表示成小于 0 的数，如-30u 就是不合法的。无符号长整型常量由常量值后跟 LU、Lu、lU 或 lu 来表示，如 50lu 等。

2.3.2　实型常量

1. 实型常量的表示形式

由于计算机中的实型数以浮点形式表示，即小数点位置可以浮动，因此实型常量既可以称为实数，也可以称为浮点数，如 3.14159、-42.8 等都是实型常量。在 C 语言中，实型常量的表示方法有如下两种：

（1）十进制小数形式：与人们表示实数的惯用形式相同，是由数字和小数点组成的。注意必须有小数点，如 0.123、-12.35、.98、18. 等都是合法的表示形式，其中，.98 等效于 0.98、18. 等效于 18.0。如果没有小数点，则不能作为小数形式的实型数。

（2）指数形式：在实际应用中，有时会遇到绝对值很大或很小的数。这时，将其写成指数形式，更显得直观、方便，如 0.00000345 写成 3.45×10^{-6}，或者 0.345×10^{-5}。程序编辑时不能输入角标，因此在 C 语言中，以字母 e 或者 E 来代表以 10 为底的指数。例如，0.00000345 写成 3.45e-6，或者 0.345e-5。其中，e 的左边是数值部分（有效数字），可以表示成整数或者小数形式，不能省略；e 的右边是指数部分，必须是整数形式。例如，3e-2、3.0e-2、3.e-2、.6e-2 等都是合法的表示形式，而 e3、2e3.0、.e3 等都是不合法的表示形式。

2. 实型常量的类型确定

（1）实型常量隐含按双精度（double）处理。

（2）单精度（float）实型常量值后跟 f 或 F 来表示，如 3.14F、3.15e-2f 等。

（3）长双精度（long double）型常量由常量值后跟 L 或 l 来表示，如 3.14L 等。

2.3.3　字符常量

C 语言中的字符常量是由一对单引号括起来的一个符号，如 'a'、'2'、'#' 等。字符常量两侧的一对单引号是必不可少的，如 'B' 是字符常量，而 B 则是一个标识符；再如，'3' 表示一个字符，而 3 则表示一个整数。

把字符放在一对单引号里的做法，适合于多数可打印字符，但某些控制字符（如回车符、换行符等）却无法通过键盘输入将其放到字符串中。因此，C 语言中还引入了另外一种特殊形式的字符常量——转义字符（escape character）。它是以反斜线"\"开头的字符序列，使用时同样要括在一对单引号内，它有特定的含义，用于描述特定的控制字符。常用的转义字符及其含义见表 2.2。

表 2.2　常用的转义字符及其含义

转义字符	转义字符的意义	ASCII 代码
\n	回车换行	10
\t	横向跳到下一制表位置	9
\b	退格	8
\r	回车	13
\f	走纸换页	12
\\	反斜线符 "\"	92
\'	单引号符	39
\"	双引号符	34
\a	鸣铃	7
\ddd	1～3 位八进制数所代表的字符	
\xhh	1～2 位十六进制数所代表的字符	

广义地讲，C 语言字符集中的任何一个字符均可用转义字符来表示。表中的 \ddd 和 \xhh 正是为此而提出的。ddd 和 hh 分别为八进制和十六进制的 ASCII（American standard code for information interchange，美国标准信息交换）代码。如 \101 表示字母 "A"、\102 表示字母 "B"、\134 表示反斜线、\XOA 表示换行等。

例 2.1　转义字符的使用。

```
1  #include <stdio.h>
2  int main()
3  {
4      int a,b,c;
5      a=5;b=6;c=7;
6      printf("12345678901234567890\n");       /* 参考行，用于查看空格数等 */
7      printf("  ab  c\tde\rf\n");
8      printf("hijk\tL\bM\n");
9      return 0;
10 }
```

上例中涉及的字符 '\n'，用于控制输出时的换行处理，即将光标移到下一行的起始位置。而 '\r' 表示回车，但是并不换行，即将光标移到当前行的起始位置。

2.3.4　字符串常量

字符串常量是由一对双引号括起来的一个字符序列，如 "qwer"、"123"、"w" 等都是合法的字符串。

注意："a" 是字符串常量，不是字符常量，'a' 才是字符常量。

为便于 C 程序判断字符串是否结束，系统对每个用双引号括起来的字符串常量都添加一个字符串结束标志——ASCII 码值为 0 的空操作符 '\0'。它不引起任何控制动作，也不显示。

2.3.5　宏常量

宏常量又称符号常量，是指用一个标识符号代表的一个常量，这时该标识符号与此常量是等价的。宏常量是由 C 语言中的宏定义编译预处理命令定义的。宏常量定义的一般形式为：

```
#define   标识符字符串
```

其作用是用 #define 编译预处理指令定义一个标识符和一个字符串，凡在源程序中发现该标识符时，都用其后指定的字符串来替换。宏定义中的标识符称为宏名，将程序中出现的宏名替换成字符串的过程称为宏替换。宏名与字符串之间可以有多个空格符，但字符串后只能以换行符终止，且除非特殊需要一般不出现分号。例如：

```
#define  PI  3.14159
```

其作用是在编译预处理时，把程序中在该命令之后出现的所有标识符 PI 均用 3.14159 代替。其优点在于，能使用户以一个简单的名字代替一个长的字符串，提高程序的可读性。

例 2.2   已知半径 r 的值为 5，计算该圆的面积。

分析：已知圆的半径，即可利用圆面积公式 area=PI*r*r 来求解。

```
1    #include <stdio.h>
2    #define PI  3.14159
3    int main()
4    {
5        int r=5;
6        printf("area=%f\n",PI*r*r);,)
7        return 0;
8    }
```

在这个程序中，定义了一个宏常量。其中，宏常量 PI 代表圆周率 3.14159。经过宏替换之后，第 6 行语句中的 PI 被替换为 3.14159。

2.4 变 量

上一节中，已经介绍了 C 语言中的常量。但常量并不能满足实际应用，有时要求量随着条件不同而不同，或者随着程序的变化而变化，就涉及变量。变量如何体现出来，并加以使用呢？下面学习变量的定义、初始化及使用事项。

2.4.1 变量的定义与初始化

变量是在程序执行过程中可以改变、可以赋值的量。在 C 语言中，变量必须遵循"先定义、后使用"的原则，即每个变量在使用之前都要用变量定义语句将其声明为某种具体的数据类型。

变量定义语句的形式如下：

```
类型关键字   变量名1[, 变量名2, …];
```

其中，方括号内的内容为可选项，也就是说，可以同时声明多个相同类型的变量，它们之间需要用逗号分隔。

整型的类型关键字为 int，单精度实型的类型关键字为 float，双精度实型的类型关键字为 double，字符型的类型关键字为 char。变量类型决定了编译程序为其分配的内存单元的字节数、内存单元中能够存放的类型数据、数据的存放形式、该类型变量合法的取值范围及可参与的运算种类。例如：

```
short max;                      // 等价于语句 short int max;
long sum;                       // 等价于 long int sum;
unsigned int area;              // 定义 area 为无符号整型变量
float score;                    // 定义 score 为单精度实型变量
double total;                   // 定义 total 为双精度实型变量
char sex;                       // 定义 sex 为字符型变量
```

变量名是由用户定义的标识符，用于标识内存中一个具体的存储单元，在这个存储单元中存放的数据称为变量的值。通常，定义但未赋初值的变量中，存放的是随机值（静态变量除外）。因此，C语言允许在定义变量的同时对变量进行初始化（即为其赋初值）。其形式如下：

```
数据类型　变量名1=常量1[, 变量名2=带量2,…];
```

例如：

```
long int sum=0;                 // 定义 sum 为长整型变量，初值为 0
float score=91.5f;              // 定义 score 为单精度实型变量，初值为 91.5
char sex='M';                   // 定义 sex 为字符型变量，初值为 'M'
```

可通过赋值的方法将数据值赋值给变量或改变变量的值。例如，下面语句修改变量score的值为94.5：

```
score=94.5f;
```

还可以通过变量名引用变量的值。例如，下面语句输出变量score的值：

```
printf("score=%f\n", score);
```

2.4.2　使用变量时的注意事项

1. 使用变量的基本原则

使用变量必须遵循"先定义、后使用"的原则，一条声明语句可以声明若干同类型的变量，其中变量声明的先后顺序无关紧要。C语言要求所有变量必须在第一条可执行语句前定义。

2. 注意区分变量名和变量值的概念

变量名标识内存中一个具体的存储单元，变量值则是存储单元中存放的数据。

3. int 型变量隐含的修饰类型

定义整型变量时，只要不指定为无符号型（unsigned），其隐含的类型就是有符号型（signed）。在实际使用时，signed通常都是省略不写的。

4. 用 sizeof 获得类型或变量的字长（所占存储空间的大小）

char型数据在任何情况下在内存中都只占1字节。int型数据通常与程序的执行环境的字长相同。例如，对于16位环境，如DOS下的 Turbo C 2.0，int型数据在内存中占16位，即2字节；对于大多数32位环境或者64位环境，如Windows NT/2000/XP/2003/7/10等，int型数据在内存中占32位，即4字节。要想获知int型数据准确的字节数信息，用sizeof()函数计算其在内存中所占的字节数。

注意：sizeof()是C语言提供的专门用于计算类型字节数的函数。例如，int型数据所占内存的字节数用 sizeof(int) 计算即可。

例2.3 显示每种数据类型所占内存空间的大小。

```
1  #include <stdio.h>
2  int main()
3  {
4      printf("data type                number of bytes\n");
5      printf("----------               ------------------\n");
6      printf("char                     %d\n", sizeof(char));
7      printf("int                      %d\n", sizeof(int));
8      printf("short int                %d\n", sizeof(short int));
9      printf("long int                 %d\n", sizeof(long int));
10     printf("float                    %d\n", sizeof(float));
11     printf("double                   %d\n", sizeof(double));
12     return 0;
13 }
```

程序运行结果：

```
data type                number of bytes
-----------              --------------------
char                     1
int                      4
short int                2
long int                 4
float                    4
double                   8
```

5. 注意 char 型数据与 int 型数据之间的关系

一个字符型变量中只能存放一个字符。字符串的存储需要用到字符数组。字符变量的取值范围取决于计算机系统所使用的字符集。目前，计算机上广泛使用的字符集是 ASCII 码字符集。该字符集规定了每个字符所对应的编码，即在字符序列中的"序号"。也就是说，每个字符都有一个等价的整型值与其相对应。从这个意义上说，char 型可以看成一种特殊的整型数。附录 A 给出了常用字符的 ASCII 码对照表。

一个 int 型数据在内存中是以二进制形式存储的，而一个字符在内存中也是以其对应的 ASCII 码的二进制形式存储的。例如，对于字符 'A'，内存中存储的是其 ASCII 码 65 的二进制值，存储形式与 int 型数 65 类似，只是在内存中所占字节数不同。char 型数据占 1 字节，而 int 型数据在 16 位环境下占 2 字节，在 32 位环境下占 4 字节。

因此，在 C 语言中，只要在 ASCII 码取值范围内，char 型数据和 int 型数据之间的相互转换不会丢失信息，这也说明 char 型常量可以参与任何 int 型数据的运算。

例如，一个 char 型变量既能以字符格式输出，也能以整型格式输出，以整型格式输出时就是直接输出其 ASCII 码的十进制值。

例2.4 按字符型和整型两种格式输出字符。

```
1  #include <stdio.h>
2  int main()
3  {
4      char ch='a';                    /* 定义 ch 为字符型变量 */
```

```
5        printf("%c, %d\n",ch,ch);          /* 分别以字符形式、整数形式输出 */
6        return 0;
7    }
```

程序运行结果如下：

```
a, 97
```

2.5　常用运算符及表达式

C语言的运算符极其丰富，根据运算符的性质分类，可分为算术运算符、关系运算符、逻辑运算符、赋值运算符、位运算符等。

也可根据运算所需对象，即操作数的个数进行分类：只需一个操作数的运算符称为单目运算符（或一元运算符）；需要两个操作数的运算符称为双目运算符（或二元运算符）；C语言中还有需要三个操作数的特殊运算符，这类运算符称为三目运算符（或三元运算符）。C语言表达式（expression）是操作符、常量和变量的任意组合。

视频 ●

数值数据的
运算与处理

2.5.1　运算符的优先级与结合性

在C语言中，要想正确使用一种运算符，必须清楚这种运算符的优先级（precedence）和结合性（associativity）。各类运算符的优先级和结合性详见附录B。

当一个表达式中出现不同类型的运算符时，首先按照它们的优先级顺序进行运算，即先对优先级高的运算符进行计算，再对优先级低的运算符进行计算。当两类运算符的优先级相同时，则要根据运算符的结合性确定运算顺序。结合性表明运算时的结合方向。有两种结合方向：一种是左结合，即从左向右计算；一种是右结合，即从右向左计算。

2.5.2　算术运算符

C语言提供的基本算术运算符（arithmetic operators）见表2.3。

表 2.3　基本算术运算符及其含义

运　算　符	类　　型	含　　义
-	单目	取负值
*	双目	乘法运算
/	双目	除法运算
%	双目	求余运算
-	双目	减法运算
+	双目	加法运算

算术运算符的优先级是*、/、%高于+、-。其中，*、/、%具有相同的优先级；+、-具有相同的优先级。同一优先级的运算符进行混合运算时，按从左向右顺序进行计算，即算术运算符（除了单目运算的取负值运算符外）的结合性为左结合，见表2.2。例如，表达式3*4/2的运算数顺序是先计算3*4的值，然后将其结果除以2。以往接触的大多数运算符是左结合的，在后续章节中，会遇到一些具有右结合性的运算符。

表 2.4　基本算术运算符的优先级与结合性

运　算　符	类　型	含　义	结　合　性
-	单目	从右向左计算	高 ↓ 低
* / %	双目	从左向右计算	
+ -	双目	从左向右计算	

关于算术运算符的几点补充说明：

（1）两个整数相除的结果仍为整数，舍去小数部分的值。例如，6/4 与 6.0/4 运算的结果值是不同的，6/4 的值为整数 1，而 6.0/4 的值为实型数 1.5。这是因为当其中一个操作数为实数时，则整数与实数运算的结果为 double 型。

（2）求余运算限定参与运算的两个操作数为整数。其中，运算符左侧的操作数为被除数，右侧的操作数为除数，运算的结果为整除后的余数，余数的符号与被除数的符号相同。例如：

```
12%7=5, 12%(-7)=5, (-12)%7=-5
```

用算术运算符将运算对象连接起来的式子称为算术表达式。其中，运算对象可以是常量、变量和函数。例如，一元二次方程的求根公式 $x = \dfrac{-b \pm \sqrt{b^2 - 4ac}}{2a}$（其中，$a$、$b$、$c$ 均为实数且 $a \neq 0$）可以写成以下两个算术表达式：

```
(-b+sqrt(b*b-4*a*c))/(2*a)
(-b-sqrt(b*b-4*a*c))/(2*a)
```

在该例中，sqrt() 函数为开平方运算的数学库函数。如该例所示，在一些复杂的表达式中，常需要一些复杂的数学函数运算，通常需要调用 C 语言提供的标准数学函数进行计算。常用的标准数学函数详见附录 C。

使用标准数学函数时，只要在程序开头加上如下编译预处理命令即可。

```
#include <math.h>
```

2.5.3　自增、自减运算符

C 语言提供两种非常有用的运算符，即自增运算符（increment operator）++ 和自减运算符（decrement operator）--。自增运算符是使变量的值增加 1，而自减运算符是使变量的值减少 1。自增和自减运算符都是单目运算符，只需要一个操作数，操作数只能是变量，不能是常量或表达式。它们既可以作为前缀运算符（用在变量的前面），也可以作为后缀运算符（用在变量的后面）。例如：

```
语句                      与左边语句等价的语句
-----------              --------------------
++x;                     等价于 x=x+1;
x++;                     等价于 x=x+1;
--x;                     等价于 x=x-1;
x--;                     等价于 x=x-1;
```

对于多数 C 语言程序，利用增 1 和减 1 运算生成的代码比等价的赋值语句生成的代码运行速度快得多，目标代码的效率更高。

　　++和--作为前缀运算符或后缀运算符使用时，对变量（即运算对象）而言，运算都是一样的；但对增1和减1表达式而言，结果却是不一样的。

　　在表达式中，用作前缀运算符时，表示先将运算对象的值增1（或减1），然后使用该运算对象的值；用作后缀运算符时，表示先使用该运算对象的值，再将运算对象的值增1（或减1）。

　　例如，设有如下变量定义语句：

```
int n=3;
```
则语句

```
m=n++;
```

其作用是将增1表达式的值赋值给m，而在该增1表达式中，由于++是用作变量n的后缀运算符，即先使用变量n的值（将n值赋值给m），再将变量n的值增1，因此上面这条语句等效于下面两条语句

```
m=n;
n=n+1;
```

　　所以，执行该语句以后，增1表达式的值（即m值）为3，运算对象的值（即n值）为4。

　　根据上述分析，归纳自增自减与赋值运算有以下几种情况，见表2.5。

表 2.5　自增自减与赋值运算

语　　句	等价于	m 的值	n 的值
m=n++ ;	m=n; n=n+1;	3	4
m=n--;	m=n; n=n-1;	3	2
m=++n;	n=n+1; m=n;	4	4
m=--n;	n=n-1; m=n;	2	2

　　下面看一个稍微复杂一点的例子。如果n的值仍为3，那么执行语句

```
m=-n++;
```
后，m和n的值各为多少？

　　在上面赋值的右侧表达式中，出现了++和-两个运算符，它们都是单目运算符。在C语言中，单目运算符的优先级是相同的，这时就要根据它们的结合性来确定运算的顺序，单目运算符都是右结合的，即按自右向左的顺序计算。因此，语句

```
m=-n++;
```
相当于

```
m=-(n++);
```
而不是

```
m=(-n)++;
```

　　因为运算符++的运算对象只能是变量，不能是表达式，对一个表达式使用增1/减1运算是一

个语法错误，因此"(-n)++"本身是不合法的。

由于在表达式"-(n++)"中，++是运算对象即变量n的后缀运算符，因此它表示先使用变量n的值，使用完n以后（对n取负值后再赋值给m）再将n的值增1。也就是说，上面这条语句实际上等效于下面两条语句：

```
m=-n;
n=n+1;
```

因此，执行该语句以后，m值为-3，n值为4。虽然这两种实现方式是等效的，但从程序的可读性角度而言，后面的两条语句比语句"m=-n++;"的可读性更好。

良好的程序设计风格提倡在一条语句中，一个变量最多只出现一次增1或减1运算。因为过多的增1和减1混合运算，会导致程序的可读性变差。同时，C语言规定表达式中的子表达式以未定顺序求值，这就允许编译程序自由重排表达式的顺序，以便产生最优代码。这也导致相同的表达式用不同的编译程序编译时，可能产生不同的运算结果。

例如，下面的语句中使用了很多复杂的表达式，这些晦涩难懂的用法在不同的编译环境下会产生不同的结果，即使它们的用法正确，实践中也未必用得到。因此，用这种方式编写程序属于不良的程序设计风格，建议读者不要采用。

```
sum=(++a)+(++a);
printf("%d%d%d",a,a++,a++);
```

2.5.4　赋值运算符

赋值运算符（assignment operator）的含义是将一个数据赋给一个变量，虽然书写形式与数学中的等号相同，但两者的含义截然不同。由赋值运算符及相应操作数组成的表达式称为赋值表达式。其一般形式为：

变量名=表达式

例如，a+b=c这样的式子在数学中是合法的，它表示a+b的值与c的值相等，而在C语言中，赋值运算的操作是有方向性的，即将右侧表达式的值（又称右值）赋给左侧的变量。因此，=号左侧不允许是表达式，只能是标识一个特定存储单元的变量名。在C语言中，a+b=c是错误的。再如，x=x+1在数学中是无意义且永远不成立的式子，而在C语言中是有意义的，它的含义是：取出x的值后加1，然后再存入x。

赋值运算符的优先级低于算术运算符、关系运算符以及逻辑运算符，且赋值运算符的结合性为右结合，因此，C语言还允许下列赋值形式：

变量1=变量2=变量3=…=变量n=表达式

这种形式称为多重赋值表达式，一般用于为多个变量赋予同一个值的场合。由于赋值运算符是右结合，因此执行时是把表达式值依次赋给变量n，…，变量2，变量1，即上面的形式等价于

变量1=（变量2=（变量3=（…=（变量n=表达式）…)))

另外，还有一种特殊形式的赋值运算符，称为复合赋值运算符，其一般形式如下：

变量 二元运算符=表达式

它等价于

变量 = 变量　二元运算符　表达式

例如，有如下程序片段：

```
int x=20;
x+=2;
```

这里，表达式 x+=2 的含义是 x=x+2。运算过程：首先求出表达式 x+2 的值，显然是 22，然后将 22 赋值给变量 x，因而经过以上两条语句之后，变量 x 的值是 22。

将"+"换成其他运算符，就得到了其他扩展的赋值运算符，这里不再一一举例说明。

2.5.5　其他运算符

1．强制类型转换运算符

强制转换（casting）运算符，可把表达式的结果硬性转换为一个用户指定的类型值，它是一个单目运算符，与其他单目运算符的优先级相同。其一般形式如下：

（类型）（表达式）

强制转换运算符非常有用，例如有如下变量定义语句：

```
int  m;
```

在进行 m/2 除法运算时，由于整型数相除的结果仍为整型数，为了确保得到精确的求解结果，即显示出求解结果的小数部分，只要对 m 进行强制类型转换即可，即用 (float)m/2 实施浮点数运算。

注意：误将表达式 (float)m/2 写成 float(m)/2 或 float(m/2) 都是错误的。而写成 (float)(m/2) 虽然合法，但结果却不能真正得到 m 与 2 相除的小数部分，因为 (float)(m/2) 是将 m/2 整除的运算结果（已经舍去了小数位）强制转换为浮点数（在小数位添加了 0）而已。

不要误以为 (float)m 这种强制运算可以改变变量 m 的类型和数值。

其实，(float)m 只是一个含有强制转换运算符的表达式，表达式的结果是 m 转换为浮点数后的结果，它并不改变变量 m 的类型和数值。

例 2.5　强制转换运算符。

```
1  #include <stdio.h>
2  int main()
3  {
4      int m=5;
5      printf("m/2=%d\n",m/2);
6      printf("(float)(m/2)=%f\n", (float)(m/2));
7      printf("(float)m/2=%f\n", (float)m/2);
8      printf("m=%d\n",m);
9      return 0;
10 }
```

程序运行结果：

m/2=2

```
(float)(m/2)=2.000000
(float)m/2=2.500000
m=5
```

2. 逗号运算符

在 C 语言中，有一种特殊的运算符称为逗号运算符（comma operator）。逗号运算符可把多个表达式连接在一起，构成逗号表达式，其作用是实现对各个表达式的顺序求值，因此，逗号运算符又称顺序求值运算符。其一般形式为：

```
表达式 1, 表达式 2, …, 表达式 n
```

逗号运算符在所有运算符中优先级最低，且具有左结合性。因此，在执行时，上述表达式的求解过程为：先计算表达式 1 的值，然后依次计算其后的各个表达式的值，最后求出表达式 n 的值，并将最后一个表达式的值作为整个逗号表达式的值。例如：

```
m=3;
m-3,n=m+4
```

是一个逗号表达式。先计算赋值表达式 m-3 的值为 0，然后计算表达式 n=m+4 的值为 m 的值加 4，结果为 7，于是整个逗号表达式的值为最后一个表达式的值 7。

下面分析如下两个表达式：

```
x=a=3,6*a            /*①*/
x=(a=3,6*a)          /*②*/
```

其中，表达式①是逗号表达式，变量 x 和变量 a 的值都为 3，而逗号表达式的值为 18。在表达式②中，括号改变了表达式的求值顺序，使得该表达式成为一个赋值表达式，赋值表达式的右侧为一个逗号表达式，由于逗号表达式放在一对括号内，因此，先计算逗号表达式 (a=3，6*a) 的值，然后将其值赋给变量 x，于是变量 a 的值为 3，变量 x 和该逗号表达式的值都是 18。

在许多情况下，使用逗号表达式的目的并非要得到和使用整个逗号表达式的值，更常见的情况是要分别得到各个表达式的值，它主要用在循环语句中，同时对多个变量赋初值等情况，例如：

```
for(i=1,j=100;i<j;i++,j--)
```

2.5.6 数据类型转换

在 C 语言中，除了用强制类型转换运算符得到期望的类型转换结果外，还允许在赋值或表达式中进行自动类型转换。

1. 赋值中的类型转换

● 视频

数据类型转换

在一个赋值语句中，如果赋值运算符左侧（目标侧）变量的类型和右侧表达式的类型不一致，那么赋值时将发生自动类型转换。类型转换的规则：将右侧表达式的值转换成左侧（目标侧）变量的类型。

例如，有如下变量定义语句：

```
int n;
```

```
char ch;
float f;
double  d;
```

则执行语句 "ch=n;" 后，整型变量 n 的高位字节将被切掉，如果 n 的值在 0~255 之间，则这样赋值后，不会丢失信息；如果 n 的值不在 0~255 之间，则这样赋值后就会丢失高位字节的信息，只保留 n 的低 8 位信息。因此，对于 16 位的系统环境，丢失的是 n 的高 8 位信息；对于 32 位的系统环境，丢失的是 n 的高 24 位信息。

而执行语句 "n=f;" 时，n 只接收 f 的整数部分，相当于取整运算。需要注意的是，执行语句 "f=n;" 和 "d=f;" 后，数据的精度并不能增加，这类转换只是改变数据值的表示形式而已。

从上述例子不难看出，C 语言支持类型自动转换机制，虽然这样能给程序员带来方便（如取整运算），但更多的情况可能给程序带来隐蔽的错误和麻烦，读者使用这种机制时应格外小心。例如，对变量赋值时，必须清楚其类型的变化。

一般而言，将取值范围小的类型转换为取值范围大的类型是安全的，反之，则是不安全的，可能会发生信息丢失、类型溢出等错误。因此，选取适当的数据类型，保证不同类型数据之间运算结果的正确性是程序设计人员的责任。表 2.6 中列出了赋值中常见的类型转换结果，供读者参考。

表 2.6　赋值中常见的类型转换结果

目标类型	表达式类型	可能丢失的信息
signed char	char	当值大于 127 时，目标值为负值
char	short	高 8 位
char	int（16 位）	高 8 位
char	int（32 位）	高 24 位
char	long	高 24 位
short	int（16 位）	无
short	int（32 位）	高 16 位
int（16 位）	long	高 16 位
int（32 位）	long	无
int	float	小数部分，在某些情况下整数部分的精度也会丧失
float	double	精度，结果舍入
double	long double	精度，结果舍入

2. 表达式中的类型转换

进行表达式运算时，相同类型的操作数进行运算的结果类型与操作数类型相同。如果表达式中混有不同类型的常量及变量，则它们全都要先转换成同一类型，然后再进行运算。C 语言编译程序将所有操作数都转换成占内存字节数最大的操作数类型，这称为类型提升。

首先，所有 char 和 short 值都提升为 int，所有 float 都提升为 double，完成这种转换以后，其他转换将随着操作进行，具体转换规则如图 2.2 所示。

图 2.2 中横向箭头的方向表示不同类型数据混合运算时的类型转换方向，不代表转换的中间过程。例如，两个操作数进行算术运算，其中一个是 int 型，另一个是 long 型，则 int 型操作数应直接转换成 long 型，然后再进行运算，最后运算结果为 long 型，它不表示 int 型操作数先转换为

unsigned，再转换成 long 型。

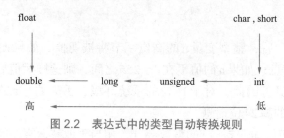

图 2.2　表达式中的类型自动转换规则

习　题

一、选择题

1. C 语言中，没有逻辑型的数值，用（　　　）表示逻辑"真"。

    A. 1　　　　　　　B. 整数值 0　　　　　C. 非零整数值　　　D. T

2. 下列为合法字符常量的是（　　　）。

    A. "a"　　　　　　B. '\n'　　　　　　　C. 'china'　　　　　D. a

3. 设语句包括"char c='\72';"，则变量 c 包含的字节数为（　　　）。

    A. 1　　　　　　　B. 2　　　　　　　　C. 3　　　　　　　　D. 4

4. 字符串常量"\t\"Name:\n"所占内存为（　　　）字节。

    A. 6　　　　　　　B. 8　　　　　　　　C. 10　　　　　　　D. 11

5. 设 a、b、c 为 int 型变量，且 a=3、b=4、c=5，下面表达式值为 0 的是（　　　）。

    A. 'a'&&'b'　　　　B. a<=b　　　　　　C. a||b+c&&b-c　　D. !((a<b)&&!c||1)

6. 已知如下定义，则表达式"a*b+d-c"的值的类型为（　　　）。

    ```
    char a; int b; float c; double d;
    ```

    A. float　　　　　B. int　　　　　　　C. char　　　　　　D. double

7. 设语句"int a=3;"执行语句"a+=a-=a*a;"后，变量 a 的值是（　　　）。

    A. 3　　　　　　　B. 0　　　　　　　　C. 9　　　　　　　　D. -12

8. C 语言基本数据类型包括（　　　）。

    A. 整型、实型、逻辑型　　　　　　　　B. 整型、字符型、实型

    C. 整型、字符型、逻辑型　　　　　　　D. 整型、实型、字符串型

9. 以下正确的变量名是（　　　）

    A. int　　　　　　B. -k15　　　　　　C. K_5　　　　　　D. K.jeep

10. C 语言中运算对象必须是整型的运算符是（　　　）。

    A. %=　　　　　　B. /　　　　　　　　C. =　　　　　　　　D. <=

二、填空题

1. C 语言中的实型变量分为_____和 double。

2. 若有定义 int m=1, y=2;，则执行表达式 y += y -= m *= y 后的 y 值是_____。

3. 字符串常量 "a" 所占字节数是_____。

4. 数学表达式 $(a^2+b^2)/2c$ 在 C 语言中的表达式是_____。

5. 自定义标识符只能由字母、_____和数字组成。

6. 使用运算符_____求变量在内存中所占字节数。

7. 'A'-'a'=_____。

第3章
顺序结构程序设计

视频

顺序结构概述

　　任何简单或者复杂的算法都可以由顺序结构、选择结构和循环结构组合而成。C语言提供了多种语句来实现这些程序结构。从本章开始连续三章（第3、4、5章）将分别介绍这三种基本控制结构。

3.1　C语句概述

　　一个C程序由一个或多个源程序文件组成，一个源程序文件就是一个程序模块，编译时是以程序模块为单位进行的。一个源程序文件可以包括预处理指令、全局声明和若干个函数，每个函数又由函数头和函数体组成，函数体又由数据声明部分和执行语句组成。

　　C程序的执行部分由语句组成，程序的功能也由执行语句实现。

　　C语句可分为以下五类：

　　（1）表达式语句：由表达式加上分号";"组成。例如：

```
a=9                    /* 赋值表达式 */
a=9;                   /* 赋值语句 */
x=y+z;                 /* 赋值语句 */
y+z;                   /* 加法运算语句 */
```

　　一个表达式的最后加一个分号就构成了一条语句，一条语句必须在最后有一个分号，分号是语句中不可缺少的组成部分。

　　前面例子中，y+z;是加法运算语句，该语句是合法的，只是没有把y+z的值赋给另一个变量保留，所以该语句是无实际意义的。

　　（2）函数调用语句：由函数调用（函数表达式）加上分号";"组成。

　　其一般形式为：

```
函数名 ( 实际参数表 );
```

　　例如：

```
printf("C Program");
```

　　printf("C Program")是一个函数调用（函数表达式），加上一个分号后就成为一条语句。该语句的功能是输出字符串 "C Program"。

（3）控制语句：用于控制程序的执行流程，以实现程序的各种结构方式。它们由特定的语句定义符组成。

C 语言有九种控制语句，可分成以下三类：

① 选择结构控制语句：if 语句、switch 语句。

② 循环结构控制语句：while 语句、do…while 语句、for 语句。

③ 转向语句：break 语句、continue 语句、goto 语句、return 语句。

（4）复合语句：把多条语句用一对花括号 "{}" 括起来组成的一条语句，称为复合语句。例如：

```
{    int x,y;                              /* 定义整型变量 x 和 y*/
     x=10;                                 /* 赋值语句 */
     y=x+20;                               /* 赋值语句 */
     printf("%d%d",x,y);                   /* 函数调用语句 */
}
```

注意：复合语句内的各条语句都必须以分号 ";" 结尾，在右花括号 "}" 外不能加分号。复合语句常用于选择结构或循环结构中，此时程序需要连续执行一组语句。

（5）空语句：只有分号 ";" 组成的语句称为空语句。

空语句是什么也不执行的语句。那它有什么作用呢？它在程序中可以用来作为流程的转向点（流程从程序其他地方转到此语句处），也可用来做空循环体（循环体是空语句，表示循环体什么也不做）。例如：

```
while(getchar()!='\n')
    ;
```

该循环体中的语句为空语句。其功能是，只要从键盘输入的字符不是回车符就重新输入，直到输入回车符结束循环。

3.2　C 语言中数据的输入与输出

每一个有实用价值的 C 语言程序都包含输入/输出，输入/输出是程序中最基本的操作之一。数据的输入与输出是程序与用户之间的一个界面。因为要进行运算，就必须给出数据，而运算的结果当然需要输出，以便用户应用，没有输出的程序是没有意义的。

3.2.1　数据输入/输出的概念及在 C 语言中的实现

（1）输入/输出是以计算机为主体而言的。从计算机向输出设备（如显示器、打印机等）输出数据称为输出，从输入设备（如键盘、磁盘、光盘、扫描仪等）向计算机输入数据称为输入，如图 3.1 所示。

图 3.1　数据的输入/输出

（2）C语言本身不提供输入/输出语句，输入和输出操作由C标准函数库中的函数实现。C标准函数库中提供了一些函数，如printf()和scanf()函数。读者在使用它们时，千万不要误认为它们是C语言的"输入/输出语句"。printf()和scanf()不是C语言的关键字，只是库函数的名字。

C语言函数库中有一批"标准输入/输出函数"，它们以标准的输入设备（键盘）和标准的输出设备（显示器）为输入/输出对象。其中最为常用的输入/输出函数有：格式输出函数printf()、格式输入函数scanf()、字符输出函数putchar()、字符输入函数getchar()、字符串输出函数puts()、字符串输入函数gets()。本章主要介绍前面四个最基本的输入/输出函数。

（3）在使用系统库函数时，要在源程序文件的开头用预编译命令"#include"把有关的头文件包含到本程序中，如#include<stdio.h>或#include"stdio.h"。

头文件中包含了所调用函数的有关信息，在使用输入/输出库函数时，要用到名为stdio.h头文件中提供的信息。stdio是standard input & output（标准输入和输出）的缩写，文件扩展名.h是header（头）的缩写。

应该养成这样的习惯，只要在本程序文件中使用输入/输出库函数，一律在程序文件的开头加上#include<stdio.h>或#include"stdio.h"语句。

3.2.2 格式输出函数——printf()

printf的最末一个字母f，表示format，是"格式"的意思。函数的功能是按照指定的格式，在屏幕上进行若干数据项的输出。在前面的例题中已多次使用过该函数。

1. printf() 函数调用的一般形式

printf() 函数调用的一般形式为：

```
printf(" 字符串 ");
printf(" 格式控制字符串 ", 输出参数列表 );
```

说明：

（1）当printf()函数的参数只有一个字符串时，则直接输出该字符串内容。例如：

```
printf("Hello World!");
```

该printf语句的功能是在屏幕上直接输出字符串"Hello World!"。

（2）格式控制字符串可包括两种：格式字符串和非格式字符串。

格式字符串是以%开头的字符串，在%后面跟有各种格式字符，以说明输出数据的类型、形式、长度、小数位数等。非格式字符串则是需原样输出的普通文本字符串，主要起到输出显示提示作用。例如：

```
printf("%d\n",a);
printf("%d\n",a+b);
```

以上两个printf语句中，格式控制字符串中的%d为格式字符串，表示数据以十进制整型格式输出；\n为转义字符，表示回车换行；输出参数既可以是变量，也可以是表达式，这两条printf语句分别将a的值和a+b的计算结果，按照格式控制字符串所规定的格式输出。

（3）输出参数列表中可以含有多个输出项，每个输出项之间必须用逗号分隔。

注意：格式控制字符串中的格式字符串和各输出项在数量、顺序和类型上应该一一对应。

例如：

```
printf ("a=%d,b=%d\n",a,b);
```

该printf语句中有多个输出参数，这里的"a="和",b="为普通字符，将原样输出，而以%开头的格式字符串%d必须与后面的输出参数一一对应！这里的一一对应，表示参数的个数、顺序以及类型，都必须与格式字符串相匹配。

2. printf() 函数中的格式控制说明

在输出时，对不同类型的数据要使用不同的格式控制字符。前面例子中，格式符大多以%d为例，但除了%d以外，还有一些其他常用的格式符，见表3.1。使用不同的格式符，表示不同的输出格式效果。

表 3.1　常用格式符

格　式　符	说　　　明
%d	以带符号的十进制整数形式输出（正数不输出符号）
%u	以无符号的十进制整数形式输出
%o	以无符号的八进制整数形式输出，不输出前导符 0
%x	以无符号的十六进制整数形式（小写）输出，不输出前导符 0x
%X	以无符号的十六进制整数形式（大写）输出，不输出前导符 0X
%f	以小数形式输出单、双精度实数，默认输出 6 位小数
%c	以字符形式输出，只输出单个字符
%s	输出字符串

例 3.1　printf() 函数调用举例。

```
1  #include <stdio.h>
2  int main()
3  {
4      int a=65,b=100;
5      printf("%d %d\n",a,b);
6      printf("%d,%d\n",a,b);
7      printf("a=%d,b=%d\n",a,b);
8      printf("a=%c,b=%c\n",a,b);
9      printf("%o,%x\n",b,b);
10     return 0;
11 }
```

程序运行结果如下（□代表一个空格）：

```
65□100
65, 100
a=65, b=100
a=A, b=d
144, 64
```

本例中多次调用printf()函数输出a、b的值，但由于使用不同的格式控制字符串，其输出的结果也不相同。在第一个printf语句中，两个格式字符（以"%d"形式输出）之间加了一个空格

（非格式字符），所以输出的a、b值之间有一个空格；在第二个printf语句中，两个格式字符（以"%d"形式输出）之间加了一个逗号（非格式字符），所以输出的a、b值之间有一个逗号；在第三个printf语句中，增加了原样输出的非格式字符串"a="和",b="，使得输出结果更为清晰；在第四个printf语句中，格式字符为"%c"，表示把数据按字符型进行输出，a、b为整型，需要将a、b的值10作为ASCII码，转换成所对应的字符进行输出，ASCII码65对应大写字母A，ASCII码100对应小写字母d，所以输出：a=A,b=d；最后一个printf语句中，格式字符%o和%x分别表示把b的值以八进制和十六进制的形式进行输出，所以得到八进制数144和十六进制数64。

除了以上用法，格式字符串还可在%和类型符中间附加一定的格式说明符（如l、m、.n、-等），具体见表3.2。这些字符称为附加字符，又称修饰符，起到补充说明作用。

表 3.2　附加字符

字　　符	说　　明
l	用于长整型整数，可加在格式字符d、o、x、u前面
m	域宽，即输出项所占的宽度。若实际位数 <m，则在域内右对齐（左补空格）输出；否则，按实际位数输出
.n	精度。对于实数，指定小数点后的位数；对于字符串，指定实际输出字符个数（左截取）
-	数据在域内左对齐（右补空格）输出

printf附加格式说明符的一般格式为：

```
%[-][m][.n]类型符
```

例3.2　printf() 函数调用数值数据输出举例。

```
1  #include <stdio.h>
2  int main()
3  {
4      int a=1234;
5      float b=5.678;
6      printf("%6d,%-5d,%3d\n",a,a,a);
7      printf("%-7.2f,%.4f,%3f\n",b,b,b);
8      return 0;
9  }
```

程序运行结果如下（□代表一个空格）：

```
□□1234,1234□,1234
5.68□□□,5.6780,5.678000
```

在本例中，输出整型变量a和单精度变量b时，附加不同的格式说明，输出的效果也是不同的。

对于变量a，%6d表示数据按六位宽度输出，如果数据不足六位，则在数据左边用空格补足，所以前面补了两个空格；%-5d的负号表示不足位时在右边补空格，所以后面补了一个空格；%3d，当数据实际位数超过了域宽，则按实际位数输出。

对于变量b，%-7.2f中".2"表示保留两位小数，四舍五入得到5.68，"-7"表示域宽为7，不足7位时，则在右边补足空格，所以输出5.68，后面三个空格；%.4f中.4表示保留四位小数，没有指定域宽，则按实际位数输出，结果为5.6780；%3f，当数据实际位数超过了规定域宽，则按照实际位数输出，小数点后默认保留六位。

例 3.3　printf() 函数调用字符和字符串数据输出举例。

```
1   #include <stdio.h>
2   int main()
3   {
4       printf("%c,%-6c,%5c\n",'a','a','a');
5       printf("%s,%6s\n","hello","hello");
6       printf("%-5.2s,%5.2s\n","hello","hello");
7       return 0;
8   }
```

程序运行结果如下（□代表一个空格）：

```
a,a□□□□□,□□□□a
hello,□hello
he□□□,□□□he
```

附加格式说明符也可以用在字符型数据的输出上。例 3.3 中，以不同的格式输出字符 a 和字符串 hello，其中的域宽和负号的用法及含义与数值型相同，不再重复介绍；只需要注意不相同的部分，例如，最后一个输出语句中的 .2，表示精度，对于字符串来说，精度表示左截取的位数，所以，对 hello 左截取两位，得到 he。

3. 关于 printf() 函数使用的几点说明

（1）在用 printf() 函数输出时，务必注意格式控制中的各格式说明符与输出参数列表中的各数据项在个数、次序、类型等方面必须一一对应，否则将会出现错误。

（2）格式字符必须用小写字母，如 "%d" 不能写成 "%D"。

（3）可以在 printf() 函数的 "格式控制字符串" 内包含 "转义字符"，如 '\n'、'\t'、'\b'、'\r'、'\f'、'\377' 等。

（4）如果想输出字符 "%"，则应该在格式控制字符串中用连续两个 "%" 表示。例如：

```
printf("f=%.2f%%",3/4.0);
```

输出结果：

```
f=0.75%
```

3.2.3　格式输入函数——scanf()

scanf() 函数是格式输入函数，其功能是按照指定的格式，通过键盘输入数据到变量中。

1. scanf() 函数调用的一般形式

scanf() 函数调用的一般形式为：

```
scanf("格式控制字符串",输入参数内存地址列表);
```

视频

格式输入/
输出函数

说明：

（1）格式控制字符串的含义同 printf() 函数。

（2）地址列表是由若干个内存地址组成的列表，可以是变量的地址，或字符串的首地址。

例如：

```
scanf("%d",&a);
```

　　该scanf语句中的输入参数变量a前加上了"&"符号，这里"&"表示取地址符，"&a"表示取变量a所在内存空间的地址。整个语句表示从键盘上输入数据，并且以十进制整数的形式存放到变量a中。

　　（3）与printf()函数一样，使用scanf()函数输入时，格式控制中的各格式说明符与输入参数也必须一一对应。例如：

```
scanf("%c%c",&a,&b);
```

　　scanf语句中的格式说明符与输入参数列表中的各数据项在个数、次序、类型等方面也必须一一对应。

　　例3.4　scanf()函数调用举例。

```
1   #include <stdio.h>
2   int main()
3   {
4       int a,b,c;
5       printf("请输入三个整数：\n");
6       scanf("%d%d%d",&a,&b,&c);
7       printf("a=%d,b=%d,c=%d\n",a,b,c);
8       return 0;
9   }
```

　　在本例中，由于scanf()函数本身不能显示提示字符串，故先用printf语句在屏幕上输出提示"请输入三个整数："。在scanf语句的格式串中由于没有非格式字符在"%d%d%d"之间作输入时的间隔，因此在输入时要用一个以上的空格、【Enter】键或【Tab】键作为每两个输入数之间的间隔。

　　例如，从键盘输入：

　　1□2□3↙

或者

　　1↙
　　2↙
　　3↙

　　在使用scanf()函数输入数据时，格式控制字符串中一般完全由格式字符构成，不需要添加其他非格式字符，用户通过键盘输入时，多个数据之间可以用空格、【Enter】或【Tab】键进行分隔。

　　如果格式控制字符串中含有非格式字符，则输入数据时非格式字符也必须原样输入。

　　例如，将例3.4中的scanf语句改为：

```
scanf("%d,%d,%d",&a,&b,&c);
```

该scanf语句中，在%d之间加上了非格式字符逗号，那么在输入数据时，也必须以逗号进行分隔，即输入1,2,3↙，否则数据将无法正确识别。

　　2．scanf()函数中的格式控制说明

　　scanf()函数中的格式控制说明与printf()函数中的格式控制说明相似，以"%"开始，以一个格式字符结束，中间可以插入附加字符。具体格式控制说明可参考表3.1和表3.2，在此不再重复列举。

3. 关于 scanf() 函数使用的几点说明

（1）scanf() 函数中要求给出变量地址，不能是变量名，且彼此间用 "," 分隔。例如：

```
scanf("%d%d",a,b);
```

该语句是非法的，修改为 scnaf("%d%d",&a,&b); 才是合法的。

（2）使用 scanf() 函数给双精度实数变量输入数据时，格式字符应使用 "%lf"。

（3）当整型或字符型格式说明符中有域宽说明时，则按照域宽说明截取数据。例如：

```
int a,b;
char c,d;
```

如果输入语句为：

```
scanf("%3d%2d%3c%2c",&a,&b,&c,&d);
```

该 scanf 语句的格式字符串中有域宽说明，若用键盘输入：

```
123456789012345↙
```

则 a 得到的值为 123，b 得到的值为 45，c 得到的值为 6，d 得到的值为 9。

用下面的 printf() 函数输出：

```
printf("a=%d,b=%d,c=%c,d=%c\n",a,b,c,d);
```

输出结果：

```
a=123,b=45,c=6,d=9
```

注意：

一个字符型变量只能存放单个字符。C 语言规定在截取的字符中取第一个字符赋给字符型变量。

（4）使用 scanf() 函数输入实数时，虽然可以控制输入数据的域宽，但不能控制精度（小数的位数），这是与 printf() 函数的不同之处。例如：

```
scanf("%5.2f",&a);
```

该 scanf 语句是非法的。不能企图用此语句输入小数为 2 位的实数。

（5）在输入多个数值数据时，若格式控制串中没有非格式字符作输入数据之间的间隔则可用空格、【Tab】或【Enter】键进行间隔。C 编译在碰到空格、【Tab】、【Enter】或非法数据（如对 "%d" 输入 "12A" 时，A 即为非法数据）时，即认为该数据结束。若格式控制串中含有非格式字符，则在输入数据时，应原样输入这些非格式字符作为间隔。

（6）在以 "%c" 形式输入字符型数据时，若格式控制串中无非格式字符，则认为所有输入的字符（包括空格和转义字符）均为有效字符。例如：

```
char i,j,k;
```

如果输入语句为：

```
scanf("%c%c%c",&i,&j,&k);
```

若用键盘输入：

```
a□b□c↙
```

这时，相当于字符'a'送给 i，空格送给 j，字符'b'送给 k，后面多余的字符将不予处理。

用下面的 printf() 函数输出：

```
printf("%c,%c,%c\n",i,j,k);
```

输出结果：

```
a,□,b
```

如果想将字符'a'、'b'、'c'分别赋给字符型变量 i、j、k，正确的输入方法为（字符之间没有空格）：

```
abc↙
```

（7）由于回车符或换行符是作为键盘输入数据的结束符，因此，在 scanf() 函数的格式控制字符串中，最后不能加换行符 "\n"，否则无法正常输入。

3.2.4　字符输出函数——putchar()

视　频

字符输入/
输出函数

　　putchar() 函数是字符输出函数，其功能是在屏幕上输出单个字符。putchar() 函数只有一个参数，其一般调用形式为：

```
putchar(c);
```

它输出 c 的值，c 可以是字符型常量或字符型变量，也可以为整型常量或整型变量（其值必须在字符的 ASCII 码的取值范围内）。例如：

```
putchar('A');        /* 输出大写字母 A */
putchar(65);         /* 输出大写字母 A */
putchar('\101');     /* 输出大写字母 A */
putchar('\n');       /* 输出一个换行符 */
putchar(x);          /* 输出字符变量 x 的值，若定义 char x='B'; 则输出大写字母 B */
```

使用本函数前必须有文件包含命令：#include<stdio.h> 或 #include "stdio.h"。

例 3.5　输出单个字符。

```
1  #include <stdio.h>
2  int main()
3  {
4      int i=67;
5      char a='B',b='o',c='k';
6      putchar(a);putchar(b);putchar(b);putchar(c);putchar('\t');
7      putchar(i);putchar(b);
8      putchar('\n');
9      putchar('\101');putchar(a);
10     return 0;
11 }
```

程序运行结果：

```
Book□□□□Co
AB
```

putchar() 函数可以输出能在屏幕上显示的字符，也可以输出转义字符，如 putchar('\t'); 语句的作用是使在它之后输出的字符（如Co）跳到下一个制表位。

3.2.5　字符输入函数——getchar()

getchar()函数是字符输入函数，其功能是接收从键盘上输入的单个字符。getchar()函数没有参数，其一般调用形式为：

```
getchar();
```

函数的值就是从键盘输入的字符。

通常把输入的字符赋予一个字符变量，构成赋值语句。例如：

```
char c;
c=getchar();
```

例3.6　输入单个字符。

```
1  #include <stdio.h>
2  int main()
3  {
4      char c;
5      printf("请输入一个字符\n");
6      c=getchar();
7      putchar(c);
8      return 0;
9  }
```

程序运行结果：

```
B↙
B
```

使用getchar()函数应注意以下几个问题：

（1）getchar()函数只能接收单个字符，输入多于一个字符时，只接收第一个字符。

（2）使用getchar()函数前必须包含头文件stdio.h。

（3）getchar()函数得到的字符可以赋给一个字符型变量或整型变量，也可以不赋给任何变量，只作为表达式的一部分。例如：

```
putchar(getchar());
printf("%c",getchar());
```

这两条语句是等价的。

3.3　顺序结构程序设计举例

例3.7　交换 a、b 变量的值。

分析：变量可以理解成是一个装常量的盒子，假定a、b分别赋初始值3和5，要想交换a和b的值，直接使用a=b;b=a;是行不通的，可以添加一个新的变量作为交换的过渡。算法描述如图3.2所示。

```
1   #include <stdio.h>
2   int main()
3   {
4       int a,b,t;
5       a=3;b=5;
6       t=a;
7       a=b;
8       b=t;
9       printf("a=%d,b=%d\n",a,b);
10      return 0;
11  }
```

定义变量a、b、t
t=a
a=b
b=t
输出a、b

图 3.2   交换 a、b 变量值的算法描述

程序运行结果：

```
a=5,b=3
```

例 3.8   输入三个小写英文字母，输出其 ASCII 码值和对应的大写字母。

```
1   #include <stdio.h>
2   int main()
3   {
4       char a,b,c;
5       printf("input character a,b,c\n");
6       scanf("%c %c %c",&a,&b,&c);
7       printf("%d,%d,%d\n",a,b,c);
8       printf("%c,%c,%c\n",a-32,b-32,c-32);
9       return 0;
10  }
```

程序运行结果：

```
input character a,b,c
b□o□y↙
98,111,121
B,O,Y
```

本程序第一次调用printf()函数，是以十进制整数格式（%d,%d,%d）输出字符型变量a、b、c的ASCII码值，分别是98、111、121；再次调用printf()函数，是以字符格式（%c,%c,%c）输出三个表达式a-32、b-32、c-32的值所对应的字符（分别是B、O、Y），这说明将小写英文字母减去十进制数32就是大写字母。

例 3.9   输入圆的半径，求圆的周长和面积。

分析：求圆周长和圆面积的算法描述如图3.3所示。

```
1   #include <stdio.h>
2   #define PI 3.1415926
3   int main()
4   {
5       float r,l,s;
6       printf(" 请输入圆半径 r 的值：\n");
7       scanf("%f",&r);
8       l=2*PI*r;
9       s=PI*r*r;
```

定义变量r、l、s
输入r的值
l = 2*PI*r
s=PI*r*r
输出l、s的值

图 3.3   求圆周长和圆面积的算法描述

```
10      printf("圆周长 l=%.2f\n",l);
11      printf("圆面积 s=%.2f\n",s);
12      return 0;
13 }
```

程序运行结果：

请输入圆半径 r 的值：
1.5↙
圆周长 l=9.42
圆面积 s=7.07

例3.10　输入三角形的三边长，求三角形面积。

分析：假设给定的三个边符合构成三角形的条件：任意两边之和大于第三边。解此题的关键是要找到求三角形面积的公式。从数学知识已知求三角形面积的公式为：

$$area = \sqrt{s(s-a)(s-b)(s-c)} \quad (s=(a+b+c)/2.0)$$

根据上面的公式编写程序如下，算法描述如图3.4所示。

```
1  #include <stdio.h>
2  #include <math.h>
3  int main()
4  {
5      float a,b,c,s,area;
6      printf(" 请输入三条边的值: \n");
7      scanf("%f%f%f",&a,&b,&c);
8      s=(a+b+c)/2.0;
9      area=sqrt(s*(s-a)*(s-b)*(s-c));
10     printf("a=%-7.2f b=%-7.2f c=%-7.2f\n",a,b,c);
11     printf("s=%-7.2f area=%-7.2f\n",s,area);
12     return 0;
13 }
```

| 定义变量a、b、c、s、area |
| 输入a、b、c的值 |
| s = (a+b+c)/2.0 |
| area=sqrt(s*(s-a)*(s-b)*(s-c)) |
| 输出a、b、c、s、area的值 |

图3.4　求三角形面积的算法描述

程序运行结果：

请输入三条边的值：
3□4□5↙
a=3.00□□□□ b=4.00□□□□ c=5.00
s=6.00□□□□ area=6.00

本程序中的sqrt()函数是求平方根的函数。由于要调用数学函数库中的函数，必须在程序开头添加一条#include语句，把数学头文件math.h包含到程序中来，即#include <math.h>语句。

注意：凡是在程序中要调用数学函数库中的函数时，都应当包含math.h头文件。

如果用VC对程序进行编译，在程序中可以使用中文字符串。在输出时也能显示汉字。如果用TC，则无法使用中文字符串，可以改用英文字符串或汉语拼音。

上述几个例题的共同点是，程序的执行顺序和语句的书写顺序是一致的。在顺序结构中，如果语句的顺序发生了改变，就有可能产生不同的运行结果，甚至导致程序无法正常运行。所以，语句的执行顺序，对于程序来说是相当关键的，这就是顺序结构程序设计的特点。

习　题

一、选择题

1. C 语句可以分为五大类，即表达式语句、函数调用语句、控制语句、（　　　）和空语句。

    A. 输入语句　　　　　B. 输出语句　　　　　C. 复合语句　　　　　D. 选择语句

2. 表达式语句由表达式加一个（　　　）组成。

    A. 逗号　　　　　　　B. 冒号　　　　　　　C. 句号　　　　　　　D. 分号

3. 在使用标准输入 / 输出库函数时，要在程序文件的开头加上（　　　）。

    A. #include <stdio.h>　　　　　　　　　　B. #include <math.h>

    C. #include <string.h>　　　　　　　　　　D. #include <stdoi.h>

4. 下列输出语句的书写正确的是（　　　）。

    A. printf("This is C Program.")　　　　　　B. print("This is C Program.");

    C. printer("This is C Program.");　　　　　　D. printf("This is C Program.");

5. 若已定义 int y;，拟从键盘输入一个值赋给变量 y，则正确的函数调用是（　　　）。

    A. scanf("%f",&y);　　　　　　　　　　　　B. scanf("%f",y);

    C. printf("%d",y);　　　　　　　　　　　　D. scanf("%d",&y);

6. getchar() 是字符输入函数，它（　　　）参数。

    A. 有一个　　　　　　B. 有两个　　　　　　C. 有多个　　　　　　D. 没有

7. 若输入语句为 scanf("%c%c%c",&c1,&c2,&c3);，要使 c1='a'，c2='b'，c3='c'，正确的输入形式是（　　　）。

    A. abc↙　　　　　B. a□b□c↙　　　　　C. a,b,c↙　　　　　D. a↙b↙c↙

8. 若变量已正确定义为 int 型，要给 a、b、c 输入数据，正确的输入语句是（　　　）。

    A. read(a,b,c);　　　　　　　　　　　　　　B. scanf("%D%D%D",&a,&b,&c);

    C. scanf("%d%d%d",a,b,c);　　　　　　　　D. scanf("%d%d%d",&a,&b,&c);

9. 程序段：int x=12; double y=3.141593; printf("%-4.3f,%d", y, x); 的输出结果是（　　　）。

    A. □□ 3.141,12　　B. 3.141,12　　C. 3.142,12　　D. □□ 3.142,12

10. 设有下列 C 语言程序：运行时如果从键盘输入 345678901↙，则输出结果是（　　　）。

```c
#include <stdio.h>
int main()
{
    int a,b;
    float f;
    scanf("%3d%4d",&a, &b);
    f=a/b;
    printf("f=%5.2f\n",f);
    return 0;
}
```

    A. f=□ 0.04　　B. f=□ 0.00　　C. f=0.04　　D. f=0

二、填空题

1. 结构化程序设计要求一个程序只能由_____结构、选择结构和循环结构三种基本结构组成。

2. 下面程序段执行后变量 a、b、c 的值依次是_____、_____、_____。

…char a=2,b='a';int c;c=a+b;a=c;printf("%d%d%d",a,b,c); …

3. 执行下面程序段后的输出结果是_____、_____。

```
printf("%%%10s%%\n","ABCDEFG");
printf("%%-10s%%\n","ABCDEFG");
```

4. 如有输入语句：scanf("%d,%d,%d",&a,&b,&c);，要使 a=3，b=4，c=5，则从键盘输入数据的形式应为_____。

5. 如有输入语句：scanf("%c%c%c",&c1,&c2,&c3);，若输入形式为 a□b□c↙，则变量 c1、c2、c3 的值分别为_____、_____、_____。

6. 若有定义 double y=123.456789，执行语句 printf("%-3.5f\n",y); 后的输出为_____。

7. 设有以下 C 程序，运行时若从键盘输入：6,5,65,66↙，则输出结果为_____。

```
#include <stdio.h>
int main()
{
    int a,b,c,d;
    scanf("%c,%c,%d,%d",&a,&b,&c,&d);
    printf("%c,%c,%c,%c\n",a,b,c,d);
    return 0;
}
```

8. 设有以下 C 程序，运行该程序后输出结果为_____。

```
#include <stdio.h>
int main()
{
    char c1='a',c2='b',c3='c';
    printf("a%cb%cc%cabc\n",c1,c2,c3);
    return 0;
}
```

9. 设有以下 C 程序，运行时若从键盘输入：ABCDEFG↙，则输出结果为_____。

```
#include <stdio.h>
int main()
{
    char a,b;
    scanf("%3c%4c",&a,&b);
    printf("a=%c,b=%c\n",a,b);
    ++a; --b;
    printf("a=%d,b=%d\n",a,b);
    return 0;
}
```

10. 设有以下 C 程序，运行时若从键盘输入：98↙ 65↙，则输出结果为_____。

```c
#include <stdio.h>
int main()
{
    char c1,c2,c3,c4,c5;
    c1=getchar(); c2=getchar(); c3=getchar(); c4=getchar(); c5=getchar();
    putchar(c2); putchar(c4);
    return 0;
}
```

三、编程题

1. 从键盘上输入梯形的上底、下底和高，求梯形的面积。

2. 输入三个数 a、b、c，求这三个数的平均值（结果保留两位小数）。

3. 求一元二次方程 $ax^2+bx+c=0$ 的根，由键盘输入 a、b、c，设 $a \neq 0$ 且 $b^2 4ac>0$。

4. 在键盘上输入一个字符，在屏幕上显示其前后相连续的 3 个字符（例如，输入 b，则输出 abc）。

5. 输入一个摄氏温度，输出其对应的华氏温度。

温度换算公式为：$F=\dfrac{9}{5}C+32$（F 为华氏温度，C 为摄氏温度）

6. 按要求设计水果店计价小程序：水果店有三种水果，苹果 12.8 元/kg，梨子 9 元/kg，橘子 3.5 元/kg，请依次输入三种水果的购买数量（质量：kg），计算输出顾客的消费总金额（结果保留 1 位小数）。

7. 小明参加语文、数学和英语考试，输入小明的三门课程考试成绩，求三门课程考试成绩平均分。如果三门课程考试成绩分别以权重 0.5、0.3 和 0.2 计入总评成绩，求小明的最终总评成绩是多少？平均成绩和总评成绩均只保留到整数位。

第4章
选择结构程序设计

第3章介绍了三种基本控制结构中的顺序结构，本章将介绍选择结构。

选择结构是程序中一种很重要的结构，其功能是根据所给的条件是否满足，决定从给定的两组或多组操作中选择其一。

在C语言中，能用于选择结构的控制语句有四种：单分支if语言、双分支if...else语句、多分支if...else if...语句、switch语句。

下面将分别介绍各种选择语句的相关内容。

4.1 关 系 运 算

关系运算又称比较运算，其作用是对两个数据进行大小关系比较，比较的结果是一个逻辑值。大小关系成立，则运算结果为逻辑值"真"；大小关系不成立，则运算结果为逻辑值"假"。

视 频

关系运算与
逻辑运算

4.1.1 关系运算符

C语言提供了六种关系运算符，见表4.1。

表 4.1 关系运算符

运 算 符	名 称	优 先 级	
>	大于	同级	高
>=	大于或等于		
<	小于		
<=	小于或等于		↓
==	等于	同级	
!=	不等于		低

关系运算符都是双目运算符，其结合性均为左结合。关系运算符的优先级低于算术运算符，高于赋值运算符。运算时，要注意它们的优先次序和结合方向。例如：

```
a>b>c            /* 等价于 (a>b)>c */
```

```
a+b>b-c                /* 等价于 (a+b)>(b-c) */
a=b<c                  /* 等价于 a=(b<c) */
a>=b==c                /* 等价于 (a>=b)==c */
```

4.1.2　关系表达式

由关系运算符将两个表达式连接起来，构成关系运算（比较运算）的式子，称为关系表达式。例如，'a'<'c'、a+b>c-d、x>=y-3/2、a==5 都是合法的关系表达式。同时，由于表达式也可以又是关系表达式，因此也允许出现嵌套的情况，如a>(b>c)、a!=(c==d)等。

关系表达式的值是一个逻辑值，即"真"和"假"。C语言编译系统在表示逻辑值时，以"1"代表逻辑值"真"，以"0"代表逻辑值"假"。

例如，若a=1，b=2，c=3，分析以下表达式的值。

```
a<b          /* 值为"真"，返回结果1*/
b>=c         /* 值为"假"，返回结果0*/
a+b!=c       /* 值为"假"，返回结果0*/
c>b>a        /* 值为"假"，返回结果0*/
```

其中，表达式c>b>a等价于(c>b)>a，先计算c>b的值为"真"，返回结果1，再计算1>a的值为"假"，返回结果0。因此，表达式c>b>a的值为0。

初学者要特别注意C语言中"=="与"="的区别，使用时避免混淆。

例4.1　"=="与"="的区别。

```
1  #include <stdio.h>
2  int main()
3  {
4      int x,y,a,b;
5      x=y=2;
6      a=(x==y);                    /* "=="是关系运算符，判断两边数据是否相等 */
7      b=(x=y);                     /* "="是赋值运算符 */
8      printf("%d,%d\n",a,b);
9      return 0;
10 }
```

程序运行结果：

```
1, 2
```

4.2　逻 辑 运 算

关系运算可以构造一些简单的条件，对于复杂的条件，需要用逻辑运算来构造。

4.2.1　逻辑运算符

C语言中提供了三种逻辑运算符：逻辑非（!）、逻辑与（&&）、逻辑或（||）。

（1）逻辑非（!）是单目运算符，只有一个操作数，如!(s<60)。

（2）逻辑与（&&）和逻辑或（||）是双目运算符，如(s>=60)&&(s<=100)、(i<0)||(i>100)等。

逻辑运算符和其他运算符的优先级关系如图4.1所示。

逻辑非（!）具有右结合性，逻辑与（&&）和逻辑或（||）具有左结合性，运算时，要注意它们的优先次序和结合方向。

图 4.1　运算符优先级别

4.2.2　逻辑表达式

由逻辑运算符将关系表达式或逻辑量连接起来的式子称为逻辑表达式。逻辑表达式的值是一个逻辑值"真"或"假"。

C语言编译系统在表示逻辑值时，以"1"代表逻辑值"真"，以"0"代表逻辑值"假"。在判断一个量是否为"真"时，以"0"表示"假"，"非0"表示"真"。

逻辑运算规则如下：

（1）!a：如果a为"真"，则!a为"假"，返回结果0；如果a为"假"，则!a为"真"，返回结果1。

（2）a&&b：只有a和b都为"真"时，结果才为"真"，返回结果1；否则，结果为"假"，返回结果0。

（3）a||b：只有a和b都为"假"时，结果才为"假"，返回结果0；否则，结果为"真"，返回结果1。

逻辑运算的真值表见表4.2。

表 4.2　逻辑运算的真值表

a	b	!a	a&&b	a‖b
非0（真）	非0（真）	0	1	1
非0（真）	0（假）	0	0	1
0（假）	非0（真）	1	0	1
0（假）	0（假）	1	0	0

例如，若a=1，b=2，c=3，d=0，分析以下表达式的值。

（1）!a：a的值非0，即为"真"，取非运算后，值为"假"，返回结果0。

（2）a&&b：a、b的值都非0，即都为"真"，所以返回结果1。

（3）a&&b||c：等价于(a&&b)||c，a&&b为"真"，c也为"真"，所以表达式的值为"真"，返回结果1。

（4）b&&c&&d：等价于(b&&c)&&d，b&&c结果为"真"，d的值为0，即为"假"，所以表达式的值为"假"，返回结果0。

（5）d||c&&!a：等价于d||(c&&(!a))，首先计算!a，结果为"假"，再进行与运算，结果为"假"，最后进行或运算，整个表达式的值为"假"，返回结果0。

在实际运算时，逻辑运算符的操作数可以是任何类型的数据，如字符型、整型、实型或指针类型等。系统在进行判断时，都是以0和非0来区分操作数是"真"还是"假"的。如'a'&&'b'的结果为1，因为'a'和'b'的ASCII码都是非0，因此结果为1。

注意：为了提高程序的执行效率，在求解逻辑表达式的值时，并不是所有逻辑运算符都被执行，只是在必须执行下一个逻辑运算符才能求出表达式的值时，才执行该运算符。

例如，假设有 A、B 两个表达式：

（1）A&&B：只有当表达式 A 的值为"真"时，才需要判别表达式 B 的值，B 为"真"，则 A&&B 为"真"，B 为"假"，则 A&&B 为"假"；如果 A 的值为"假"，则表达式 B 将不予执行，因为无论 B 是"真"是"假"，表达式 A&&B 的值一定为"假"。

（2）A||B：只有当表达式 A 的值为"假"时，才需要判别表达式 B 的值，B 为"真"，则 A||B 为"真"，B 为"假"，则 A||B 为"假"；如果 A 的值为"真"，则表达式 B 将不予执行，因为无论 B 是"真"是"假"，表达式 A&&B 的值一定为"真"。

简单地说，对于"&&"运算符，只有 A 为非 0，才继续后面的运算；对于"||"运算符，只有 A 为 0，才继续后面的运算。

例4.2　逻辑运算规则举例。

```
1   #include <stdio.h>
2   int main()
3   {
4       int a=100,b=200,c=300;
5       c=(a=0)&&(b=1);
6       printf("a=%d,b=%d,c=%d\n",a,b,c);
7       return 0;
8   }
```

程序运行结果：

```
a=0,b=200,c=0
```

本例中 c=(a=0)&&(b=1); 语句，首先进行 a=0 的赋值运算，结果为 0，即为"假"，则"&&"运算符后面的 (b=1) 将不予执行，b 保持初始值 200，(a=0)&&(b=1) 返回结果 0，再赋值给变量 c，所以 a 为 0，b 为 200，c 为 0。

若将本例中 c=(a=0)&&(b=1); 语句中的"&&"运算符改为"||"，那么程序运行结果为 a=0，b=1，c=1。

注意：

这种具有一定智能性的运算特点对于整个表达式的结果并无影响，但是对于局部的运算结果可能会带来影响。

在 C 语言中，通常会用到关系表达式和逻辑表达式进行规则或判断条件的描述。

例4.3　写出满足以下条件的 C 语言表达式。

（1）a 为零。

（2）s 的值在 [1,100] 区间内。

（3）x 为正偶数。

（4）ch 为小写字母。

解答：

（1）a 为零：关系表达式 a==0 或逻辑表达式 !a。

（2）s的值在[1,100]区间内：s>=1 && s<=100。

（3）x为正偶数：x>0 && x%2==0。

（4）ch为小写字母：ch>='a' && ch<='z'。

4.3 if 语 句

用if语句可以构成分支结构，根据给定的条件进行判断，以决定执行哪个分支。

4.3.1 if 语句的一般形式

在C语言中，if语句有三种基本形式。

1. 单分支 if 语句

一般形式为：

```
if( 表达式 )
    语句
```

功能：如果表达式的值为"真"，则执行语句，否则不执行该
语句。其执行流程如图4.2所示。

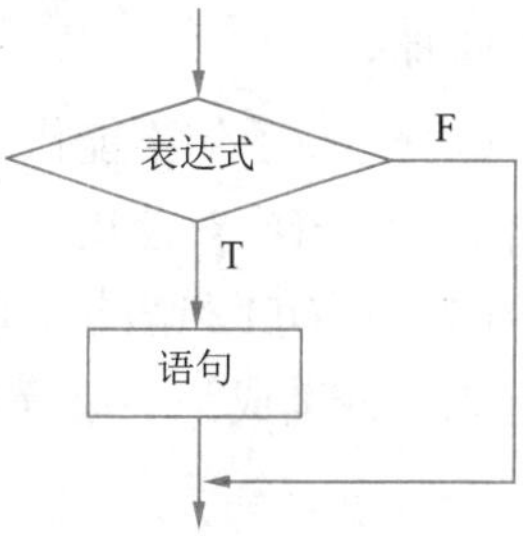

说明：

（1）if后的表达式必须用圆括号括起来，不能省略。

（2）表达式一般为关系表达式或逻辑表达式，但不仅仅局限于这两种，也可以是其他类型的
表达式。只要表达式的值不为零，即为"真"，则执行语句。

（3）语句必须是单条语句，若需控制执行多条语句时，必须用花括号"{ }"括起来，使其成
为一条复合语句。

例如：

```
if(a>b)
{ a++;
  b++; }
```

图 4.2 单分支 if 语句执行流程

例4.4 输入两个整数，输出较大的值，其执行流程图如图4.3所示。

```
1  #include <stdio.h>
2  int main()
3  {
4      int a,b,max;
5      printf("Please input two numbers:\n");
6      scanf("%d%d",&a,&b);
7      max=a;
8      if(max<b)
9          max=b;
10     printf("max=%d\n",max);
11     return 0;
12 }
```

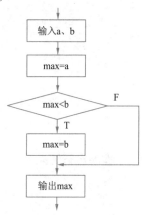

图 4.3 例 4.4 的流程图

程序运行结果：

```
Please input two numbers:
3 □ 5 ✓
max=5
```

2. 双分支 if...else 语句

一般形式为：

```
if( 表达式 )
    语句 1
else
    语句 2
```

功能：如果表达式的值为"真"，则执行语句1，否则，执行语句2。其执行流程如图4.4所示。

说明：

（1）else子句不能作为语句单独使用，必须作为if语句的一部分，与if配对使用。

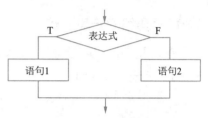

图 4.4　双分支 if 语句执行流程

（2）语句1和语句2必须是单条语句，若需控制执行多条语句时，同样必须用花括号"{ }"括起来，使其成为一条复合语句。例如：

```
if(a>b)
{   a++;
    b++;
}
else
{   a=10;
    b=20;
}
```

例4.5　输入两个整数，输出较大值。

```
1   #include <stdio.h>
2   int main()
3   {
4       int a,b,max;
5       printf("Please input two numbers:\n");
6       scanf("%d%d",&a, &b);
7       if(a>b)
8           max=a;
9       else
10          max=b;
11      printf("max=%d\n",max);
12      return 0;
13  }
```

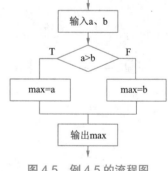

图 4.5　例 4.5 的流程图

程序运行结果：

```
Please input two numbers:
3 □ 5 ✓
max=5
```

可将例 4.4 与例 4.5 这两段程序进行对比，程序功能相同，但方法思路及程序的执行过程是完全不同的。

3. 多分支 if...else if... 语句

一般形式为：

```
if(表达式1)
    语句1
else if(表达式2)
    语句2
else if(表达式3)
    语句3
...
else if(表达式n)
    语句n
else
    语句n+1
```

功能：依次判断表达式的值，当某个表达式的值为"真"时，则执行其对应的语句，然后跳出整个多分支 if 语句，继续执行 if 语句之外的程序。如果所有表达式的值均为"假"，则执行 else 后面的语句 n+1，结束多分支 if 语句。其执行流程如图 4.6 所示。

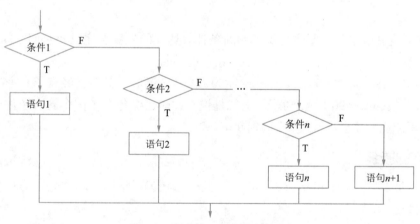

图 4.6　多分支 if 语句执行流程

注意：在多分支 if 语句中，对于条件的判断是从上往下依次进行的，只有当前面的条件不成立时，才会进行下一个条件的判断，如果上面的条件已经成立，则立即执行该分支对应的语句，然后跳出整个多分支，后面其他的分支将不再判断和执行。

这也意味着，在多分支 if 语句中，无论有多少个分支，永远只会选择其中的一个分支来执行，这也是多分支选择结构的特点。

例 4.6　从键盘输入一个学生的成绩，如果成绩大于或等于 90 分，则输出"优"；如果成绩在 80 ~ 90 分，则输出"良"；如果成绩在 70 ~ 80 分，则输出"中"；如果成绩在 60 ~ 70 分，则输出"及格"；如果成绩在 60 分以下，则输出"不及格"。

```
1  #include <stdio.h>
2  int main()
3  {
4      float score;
5      printf("请输入成绩: \n");
6      scanf("%f",&score);
7      if(score>=90)
8          printf("优 \n");
9      else if(score>=80)
10         printf("良 \n");
11     else if(score>=70)
12         printf("中 \n");
13     else if(score>=60)
14         printf("及格 \n");
15     else
16         printf("不及格 \n");
17     return 0;
18 }
```

程序运行结果：

请输入成绩：
85↙
良

在使用多分支if语句时，要注意每个判断条件表达式的先后次序以及它们之间的逻辑关系。只有当前面的条件为"假"时，才会进行后续条件的判断。

例如本例中，在对条件表达式2（score>=80）进行判断时，其实已经有了一个前提条件，就是条件表达式1（score>=90）为"假"。也就是说，此时已经包含了一个隐含条件（score<90），只有当条件1不成立，才会进行条件2的判断。

4.3.2　if语句的嵌套

if语句允许嵌套。在if子句或else子句中又包含一个或多个完整的if语句称为if语句的嵌套。一般形式为：

视　频

if语句的嵌套

```
if(表达式 1)
    if(表达式 2)
        语句 A
    else
        语句 B
else
    if(表达式 3)
        语句 C;
    else
        语句 D;
```

上述结构形式，实际上是在双分支if语句的两个分支中，又分别嵌套了双分支if语句。其执行流程是首先对最外层if语句中的条件表达式1进行判断，如果表达式1的值为"真"，则进入if子句分支，继续对条件表达式2进行判断，表达式2为"真"，则执行语句A，表达式2为"假"，则执行语句B；如果表达式1的值为"假"，则进入else分支，对条件表达式3进行判断，表达式3为"真"，则执行语句C，表达式3为"假"，则执行语句D。

通过if语句的嵌套使用，同样可以实现多分支的选择作用。

在使用嵌套结构时，还必须注意if与else的配对关系。C语言规定：else总是与它前面最近的，并且未配对的if相匹配。如果想要改变这种配对关系，可以使用添加花括号的方法。

例如：

```
if(a>b)
if(b<c)   c=a;
else   c=b;
```

由于else总是与它前面最近的未配对的if相匹配，所以该程序段应理解为：

```
if(a>b)
{
    if(b<c)   c=a;
    else   c=b;
}
```

假设a=5，b=4，c=3，运行该程序段后，c的值为4。

如果将此程序段中花括号的位置做如下改变：

```
if(a>b)
{
    if(b<c)   c=a;
}
else   c=b;
```

此时if语句的嵌套形式也发生了改变。同样假设a=5，b=4，c=3，运行该程序段后，c的值仍为3。

在使用嵌套结构时，建议养成使用花括号的好习惯，将嵌套语句括起来，明确if和else的配对关系，避免程序的二义性，提高程序的可读性。

例4.7　从键盘输入三个正整数，判断这三个数能否组成一个直角三角形。

分析：输入三个数后，首先，判断能否组成三角形，如果可以构成三角形，再进一步判断是否为直角三角形，当条件为"真"，则输出"直角三角形"，条件为"假"，则输出"非直角三角形"；如果无法构成三角形，则输出"不能构成三角形"。算法描述如图4.7所示。

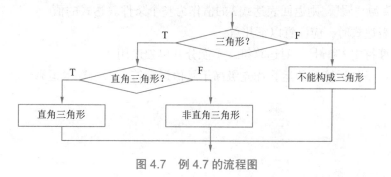

图 4.7　例 4.7 的流程图

```
1  #include <stdio.h>
2  #include <math.h>
3  int main()
4  {
5      int a,b,c;
6      printf(" 请输入三个正整数：\n");
7      scanf("%d%d%d",&a,&b,&c);
8      if(a+b>c&&b+c>a&&a+c>b)
9      {
10         if(pow(a,2)==pow(b,2)+pow(c,2)||pow(b,2)==pow(a,2)+pow(c,2)
11            ||pow(c,2)==pow(a,2)+pow(b,2))
12            printf(" 可构成直角三角形 \n");
13         else
14            printf(" 可构成非直角三角形 \n");
15      }
16      else
17         printf(" 不能构成三角形 \n");
18      return 0;
19 }
```

程序运行结果：

请输入三个正整数：
3 □ 4 □ 5↙
可构成直角三角形

再次运行结果：

请输入三个正整数：
3 □ 4 □ 7↙
不能构成三角形

4.4　条件运算符与条件表达式

条件运算符是 C 语言中唯一的三目运算符。其一般形式为：

表达式 1? 表达式 2: 表达式 3

其运算规则为：如果表达式 1 的值为"真"，则返回表达式 2 的值作为整个条件表达式的值；如果表达式 1 的值为"假"，则返回表达式 3 的值作为整个条件表达式的值。

在使用条件表达式时，应注意以下几点：

（1）条件运算符中 ? 和 : 是一对运算符，不能分开单独使用。

（2）优先级：条件运算符的运算优先级高于赋值运算符，低于算术运算符和关系运算符。例如：

c=a<=b?a-1:b+1

等价于

c=((a<=b)?(a-1):(b+1))

（3）结合性：条件运算符的结合方向是自右向左。例如：

```
a<b?a:c<d?c:d
```

等价于

```
a<b?a:(c<d?c:d)
```

这也就是条件表达式嵌套的情形，即其中的表达式3又是一个条件表达式。假设a=4，b=3，c=2，d=1，则表达式的值为1。

（4）当满足一定条件时，条件运算符可以替代if语句。例如：

```
if(a<b)
    c=a;
else
    c=b;
```

可利用条件表达式写为

```
c=(a<b)?a:b;
```

该语句的功能是：如果a<b的值为"真"，则把a赋给c，否则把b赋给c。

例4.8　输入两个整数，输出较大值。

```
1   #include <stdio.h>
2   int main()
3   {
4       int a,b,max;
5       printf("Please input two numbers:\n");
6       scanf("%d%d",&a,&b);
7       max=(a>b)?a:b;
8       printf("max=%d\n",max);
9       return 0;
10  }
```

程序运行结果：

```
Please input two numbers:
3 □ 5↙
max=5
```

本例就是利用条件运算表达式替代了例4.5程序段中的if语句，使得程序代码更加简洁。

4.5　switch 语 句

在实际应用中，可以使用多分支if…else if…语句实现对多个条件进行判断和处理，但是如果嵌套的if语句层数较多，会导致代码冗长，降低程序的可读性。C语言提供了switch语句，使用它可以处理多分支选择结构。

其一般形式为：

```
switch(表达式)
{
```

视　频

switch语句

```
    case 常量表达式1：语句1
    case 常量表达式2：语句2
    …
    case 常量表达式n：语句n
    default：语句n+1
}
```

功能：首先计算表达式的值，再从上向下依次逐个与case后的常量表达式值相比较，当表达式的值与某个常量表达式i的值相等时，则执行语句i，并不再进行判断，继续依次执行后面的所有语句，直到语句n+1；如果表达式的值与所有case后的常量表达式均不相等时，则直接执行default后面的语句n+1。

说明：在执行switch语句时，case后面的"常量表达式"仅仅起到一个语句标号的作用。程序执行时，一旦找到入口标号，就从此标号处开始执行，不再对其他标号进行判断。如果需要终止某个分支的执行，则必须在该分支语句的末尾添加一个break语句。break语句的作用是终止当前switch语句的执行，使得程序跳出switch语句，转向执行switch语句的下一条语句。

例4.9　输入 1 ～ 7 之间的一个数字，输出对应星期的英文单词（不含 break 语句）。

```
1  #include <stdio.h>
2  int main()
3  {
4      int x;
5      printf(" 请输入 1~7 之间的一个数字：\n");
6      scanf("%d",&x);
7      switch(x)
8      {
9          case 1: printf("Monday\n");
10         case 2: printf("Tuesday\n");
11         case 3: printf("Wednesday\n");
12         case 4: printf("Thursday\n");
13         case 5: printf("Friday\n");
14         case 6: printf("Saturday\n");
15         case 7: printf("Sunday\n");
16         default:printf("error\n");
17     }
18     return 0;
19 }
```

程序运行结果：

```
请输入 1 ～ 7 之间的一个数字：
5↙
Friday
Saturday
Sunday
error
```

显然，程序的运行结果不符合正常的题意。为了保证程序结果的正确性，应在每个case分支语句后分别添加break语句。修改后的程序见例4.10。

例 4.10　输入 1 ～ 7 之间的一个数字，输出对应星期的英文单词（含有 break 语句）。

```
1  #include <stdio.h>
2  int main()
3  {
4      int x;
5      printf(" 请输入 1~7 之间的一个数字：\n");
6      scanf("%d",&x);
7      switch(x)
8      {
9          case 1: printf("Monday\n"); break;
10         case 2: printf("Tuesday\n"); break;
11         case 3: printf("Wednesday\n"); break;
12         case 4: printf("Thursday\n"); break;
13         case 5: printf("Friday\n"); break;
14         case 6: printf("Saturday\n"); break;
15         case 7: printf("Sunday\n"); break;
16         default: printf("error\n");
17     }
18     return 0;
19 }
```

程序运行结果：

```
请输入 1 ～ 7 之间的一个数字：
5↙
Friday
```

在使用 switch 语句时，还应注意以下几点：

（1）switch 后面的表达式可以是整型或字符型，不能是浮点型或字符串。

（2）每个 case 后面的各个常量表达式的值不能相同，否则会出现错误。

（3）case 后面允许有多个语句，可以不用 "{ }" 括起来。

（4）一般情况下，各个 case 子句和 default 子句的先后顺序可以变动，而不会影响程序执行结果。

（5）default 子句可以省略不用，但为了保证程序逻辑上的严谨性，不建议省略。

（6）相邻的多个 case 子句可以共用一组执行语句。

例 4.11　从键盘输入一个学生的成绩，如果成绩大于或等于 90 分，则输出 "优"；如果成绩在 80 ～ 90 分，则输出 "良"；如果成绩在 70 ～ 80 分，则输出 "中"；如果成绩在 60 ～ 70 分，则输出 "及格"；如果成绩在 60 分以下，则输出 "不及格"。

```
1  #include <stdio.h>
2  int main()
3  {
4      float score;
5      printf(" 请输入成绩：\n");
6      scanf("%f",&score);
7      switch((int)(score/10))
8      {
```

```
9         case 10:
10        case 9: printf("优 \n"); break;
11        case 8: printf("良 \n"); break;
12        case 7: printf("中 \n"); break;
13        case 6: printf("及格 \n"); break;
14        case 5:
15        case 4:
16        case 3:
17        case 2:
18        case 1:
19        case 0: printf("不及格 \n"); break;
20        default: printf("输入有误!");
21    }
22    return 0;
23 }
```

程序运行结果：

请输入成绩：
85↙
良

可将本例与例4.6进行对比，switch语句中条件判断的表达式书写格式相对比较简单，分支结构也非常清晰，所以也经常使用switch来实现多分支选择的功能。

4.6　选择结构程序设计举例

例4.12　输入三个整数，将这三个数由小到大输出。

```
1  #include <stdio.h>
2  int main()
3  {
4      int x,y,z,t;
5      printf("请输入三个整数：\n");
6      scanf("%d%d%d",&x,&y,&z);
7      if(x>y){t=x;x=y;y=t;}              /* 交换 x、y 的值 */
8      if(x>z){t=z;z=x;x=t;}              /* 交换 x、z 的值 */
9      if(y>z){t=y;y=z;z=t;}              /* 交换 z、y 的值 */
10     printf("由小到大的顺序为：%d, %d, %d\n",x,y,z);
11     return 0;
12 }
```

程序运行结果：

请输入三个整数：
10 □ 5 □ 20↙
由小到大的顺序为：5, 10, 20

例4.13　输入一个整数，判断其奇偶性。

```
1  #include <stdio.h>
2  int main()
```

```
3   {
4       int x;
5       printf("请输入一个整数：\n");
6       scanf("%d",&x);
7       if(x%2==0)
8           printf("偶数\n");
9       else
10          printf("奇数\n");
11      return 0;
12  }
```

程序运行结果：

请输入一个整数：
12↙
偶数

例4.14　输入一个字符，判断它是字母、数字还是其他字符。

```
1   #include <stdio.h>
2   int main()
3   {
4       char c;
5       printf("请输入一个字符：\n");
6       c=getchar();
7       if(c>='A' && c<='Z' || c>='a' && c<='z' )
8           printf("%c是字母\n",c);
9       else if(c>='0' && c<='9')
10          printf("%c是数字\n",c);
11      else
12          printf("%c是其他字符\n",c);
13      return 0;
14  }
```

程序运行结果：

请输入一个字符：
a↙
a是字母

例4.15　设计一个简单的计算器程序，要求：用户输入运算数和四则运算符，输出计算结果。

```
1   #include <stdio.h>
2   int main()
3   {
4       float a,b;
5       char c;
6       printf("input expression: a +(-,*,/)b\n");
7       scanf("%f%c%f",&a,&c,&b);
8       switch(c)
9       {
10          case '+': printf("%f\n",a+b); break;
11          case '-': printf("%f\n",a-b); break;
```

```
12          case '*': printf("%f\n",a*b); break;
13          case '/': if(b!=0)printf("%f\n",a/b); break;
14          default: printf("input error\n");
15      }
16      return 0;
17  }
```

程序运行结果：

```
input expression: a +(-,*,/) b
4*5↙
20.000000
```

习　　题

一、选择题

1. C 语言的 if 语句嵌套时，if 与 else 的配对关系是（　　　）。

    A. 每个 else 总是与最外层的 if 配对

    B. 每个 else 总是与它上面的 if 配对

    C. 每个 else 总是与它上面最近的未配对的 if 配对

    D. 每个 else 与 if 的配对是任意的

2. 下列关于 switch 语句的描述不正确的是（　　　）。

    A. switch 后面圆括号内的表达式可以是整型或字符型

    B. switch 中每个 case 后的常量的值必须唯一

    C. switch 结构中每个 case 必须以 break 结束

    D. switch 结构可能执行多个分支中的语句

3. 判定逻辑值为"真"的最准确叙述是（　　　）。

    A. 等于 1 的数　　　B. 大于 0 的数　　　C. 非 0 的整数　　　D. 非 0 的数

4. 若定义 int a=2,b=3;，则表达式 !a||b 的值为（　　　）。

    A. 3　　　　　　　B. 2　　　　　　　C. 1　　　　　　　D. 0

5. 表示关系 X<=Y<=Z 的 C 语言表达式为（　　　）。

    A. (X<=Y)&&(Y<=Z)　　　　　　　B. (X<=Y)AND(Y<=Z)

    C. (X<=Y)&(Y<=Z)　　　　　　　　D. X<=Y<=Z

6. 以下语句中，有语法错误的是（　　　）。

    A. if(a>b) m=a;　　　　　　　　　B. if((a=b)>=0) m=a;

    C. if(a<b) m=b;　　　　　　　　　D. if((a=b;)>=0) m=a;

7. 若定义 int a=1,b=2,c=3,d=4;，则表达式 a>b?a:c<d?b:d 的值为（　　　）。

    A. 4　　　　　　　B. 3　　　　　　　C. 2　　　　　　　D. 1

8. 以下程序段的输出结果是（　　　）。

```
int a=1,b=2,c=3;
```

```
if(c=a) printf("%d\n",c);
else printf("%d\n",b);
```

    A. 3   B. 2   C. 1   D. 0

9. 以下程序段的输出结果是（　　　）。

```
int a=0,b=1,m;
m=a>b?a:b;
printf("%d\n",m);
```

    A. 0   B. 1   C. 2   D. 编译有错

10. 以下程序段的输出结果是（　　　）。

```
int a=3,b=5,c=7;
if(a>b) a=b;c=a;
if(c!=a) c=b;
printf("%d,%d,%d\n",a,b,c);
```

    A. 3,5,3   B. 3,5,5   C. 3,5,7   D. 编译有错

11. 若定义 int x=10,y=20,z=30;，执行以下语句后，x、y、z 的值为（　　　）。

```
if(x>y) x=z;x=y;y=z;
```

    A. x=10,y=20,z=30   B. x=20,y=30,z=20
    C. x=30,y=20,z=10   D. x=20,y=30,z=30

12. 以下程序段执行后，变量 m 的值为（　　　）。

```
int a=0,b=10,c=20,m=100;
if(a) m=a;
else if(b) m=b;
else if(c) m=c;
```

    A. 0   B. 10   C. 20   D. 100

13. 有定义语句 int a=1,b=2,c=3,x;，则以下程序段执行后，x 的值不为 3 的是（　　　）。

    A. if(c==3) x=3;   B. if(a==b) x=2;
       else if(c<3) x=2;   else if(a<b) x=3;
       else x=1;   else x=1;
    C. if(a>3) x=3;   D. if(a<2) x=3;
       else if(a>1) x=2;   else if(a<3) x=2;
       else x=1;   else x=1;

14. 以下程序段的输出结果是（　　　）。

```
int x=1,a=0,b=0;
switch(x)
{
    case 0: b++;
    case 1: a++;
    case 2: a++; b++;
}
printf("%d,%d\n",a,b);
```

A. 2,1　　　　　B. 1,1　　　　　C. 1,0　　　　　D. 2,2

15. 以下程序段的输出结果是（　　　）。

```
int x=1,y=0,a=0,b=0;
switch(x)
{
    case 1: switch(y)
    {   case 0: a++; break;
        case 1: b++; break;
    }
    case 2: a++; b++; break;
}
printf("%d,%d\n",a,b);
```

A. 2,1　　　　　B. 1,2　　　　　C. 1,0　　　　　D. 0,2

二、填空题

1. 有下列运算符：*（乘）、+（加）、++、&&、<=，其中优先级最高的是_____，优先级最低的是_____。

2. 在 C 程序中，表示逻辑值时，用_____表示逻辑值"真"，用_____表示逻辑值"假"。

3. 设 a=3，b=2，c=1，则 a>b 的值为_____，a>b>c 的值为_____。

4. 表示条件"10<x<100 或 x<0"的 C 语言表达式为_____。

5. 若变量已正确定义，语句 if(x>y) k=0; else k=1; 和_____等价。

6. 若定义 int a=1,b=2,m=0,n=0,k;，则执行语句 k=(n=b>a)||(m=a); 后，m 的值为_____。

7. 以下程序段的输出结果是_____。

```
int a=1,b=2,c=5;
if(c=a+b) printf("yes\n");
else printf("no\n");
```

8. 以下程序段的输出结果是_____。

```
int m=5;
if(m++>5) printf("%d\n",m);
else printf("%d\n",m--);
```

9. 以下程序段的输出结果是_____。

```
int a=2,b=-1,c=2;
if(a<b)
if(b<0) c=0;
else c++;
printf("%d\n",c);
```

10. 若通过键盘输入 60，则以下程序段的输出结果是_____。

```
#include <stdio.h>
int main()
{
    int a;
    scanf("%d",&a);
    if(a>50) printf("%d",a);
```

```
    if(a>40) printf("%d",a);
    if(a>30) printf("%d",a);
    return 0;
}
```

三、编程题

1. 输入一个整数，判断该数是正数、负数还是零。

2. 为提倡居民节约用电，某省电力公司执行"阶梯电价"：月用电量在 50 kW·h 以内的，电价为 0.85 元 /（kW·h）；超过 50 kW·h 的用电量，电价上调 0.15 元 /（kW·h）。编写程序，输入用户的月用电量（kW·h），计算并输出该用户应支付的电费（元）。

3. 有一分段函数：

$$f(x) = \begin{cases} 2x-1 & (x<0) \\ 0 & (0 \leqslant x < 10) \\ x^2+1 & (x>10) \end{cases}$$

编写程序，输入 x 的值，求 y 的值。

4. 输入一个年份，判断该年是否为闰年。

5. 求一元二次方程 $ax^2+bx+c=0$ 的解，a、b、c 的值由键盘输入，求解时有以下几种可能：

（1）a=0，不是一元二次方程。

（2）$b^2-4ac>0$，有两个不等实根。

（3）$b^2-4ac=0$，有两个相等实根。

（4）$b^2-4ac<0$，有两个共轭复根。

6. 设计一个显示菜单的程序，当用户选择不同的选项时显示不同的信息。要求输出如下菜单：

1：输入成绩

2：查询成绩

3：打印成绩

0：退出系统

请选择（0～3）：

程序功能：如果输入 1，则显示"请输入"；输入 2，则显示"请输入查询学生的学号"；输入 3，则显示"正在打印"；输入 0，则显示"谢谢使用"；输入其他，则显示"输入有误"。

7. 编程实现：输入年份和月份，输出该月有多少天。

第5章
循环结构程序设计

　　循环控制结构是结构化程序设计的基本结构之一。在程序设计中一般采用循环结构完成那些需要重复执行的操作，许多问题中需要用到循环控制。熟练掌握各种循环结构的概念和使用方法是程序设计的最基本要求。几乎所有实用程序都包含循环结构，它可以和顺序结构、选择结构共同使用，编写出各种复杂的程序。

5.1　概　　述

　　循环控制结构的特点是：在给定条件成立时，反复执行某程序段，直到条件不成立为止。给定的条件称为循环条件，反复执行的程序段称为循环体。程序中凡涉及重复计算的问题都可以用循环解决，如求阶乘、累加、排序、迭代求根等，因为程序中的某一程序段要重复执行若干次。

　　熟练掌握各种循环结构的概念和使用方法是程序设计的最基本要求，C程序设计语言中提供了可以实现循环控制的三种语句：分别是while语句，do…while语句和for语句。编写程序时，如果遇到需要多次重复执行一个或多个任务的问题，就可以考虑使用循环来解决，而循环的实现则可以根据具体情况选用这三种语句中的一种。

5.2　while　语　句

视　频

循环控制结构
（一）

　　while语句的一般形式为：

```
while(表达式)
{
    循环体语句;
}
```

　　其中：

　　（1）表达式是循环判断条件，通常称为条件表达式，根据表达式的运算结果决定是否应当进入和执行循环体语句。表达式一般是关系表达式或逻辑表达式，也可以是变量或常量。

（2）循环体语句是循环重复执行的程序段，可以是单条语句，也可以是复合语句。如果循环体是单条语句，则可以省略花括号。

while 循环控制结构的执行过程如下：

（1）计算表达式的值，若值为真（非0），执行循环体语句，执行后返回，继续计算表达式并判断是否为真。

（2）若值为假（0），则退出循环，执行 while 语句后续语句。

while 语句执行流程图如图 5.1 所示。

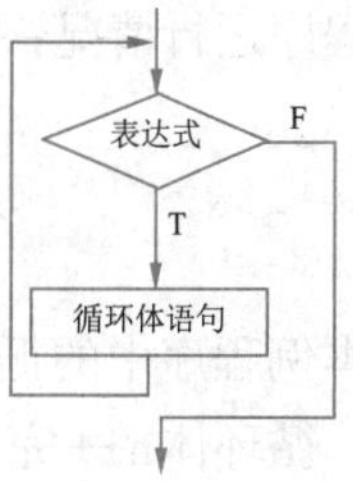

图 5.1　while 循环结构流程图

例 5.1　用 while 语句求 1+2+3+…+100 的值。

用流程图表示算法，如图 5.2 所示。

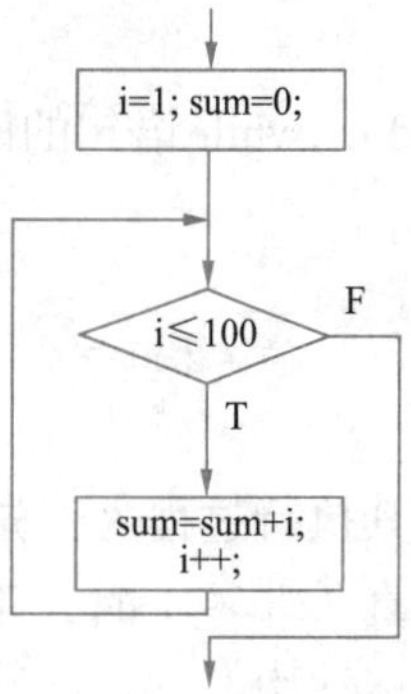

根据流程图写出程序如下：

```c
#include <stdio.h>
int main()
{
    int i,sum=0;
    i=1;
    while(i<=100)
    {
        sum=sum+i;
        i++;
    }
    printf("1+2+3+…+100=%d\n",sum);
    return 0;
}
```

图 5.2　例 5.1 程序结构流程图

程序运行结果：

```
1+2+3+…+100=5050
```

在本例中，变量 sum 的初值为 0，i 的初值为 1，循环结束条件是 i>100。语句 sum=sum+i; 使变量 sum 在循环体中计算了 100 次，分别为 sum=0+1，sum=1+2，…，sum=4950+100。语句 i++; 保证了变量 i 在每次循环后增加 1，以达到循环结束的目的。本程序共循环运行了 100 次，循环结束后变量 i 的值为 101。

特别需要注意的是，while 循环控制结构由四部分组成：循环变量初始化、条件表达式、循环体和改变循环变量的值。上例中，变量 i 是循环控制变量，源代码第 5 行语句 i=1; 完成循环变量初始化，第 9 行语句 i++; 修改循环变量的值。

例 5.2　统计从键盘输入一行字符的个数。

```c
#include <stdio.h>
int main()
{
    int n=0;
    printf("input a string:\n");
    while(getchar()!='\n')
      n++;
    printf("%d\n", n);
    return 0;
}
```

程序运行情况：

```
input a string:
hello↙
输出：5
```

本例程序中的循环条件为 getchar()!='\n'，其意义是：只要从键盘输入的字符不是回车就继续循环。循环体 n++ 完成对输入字符个数计数。

5.3　do…while 语句

do…while 语句的语法格式：

```
do
{
    循环体语句；
} while(表达式);
```

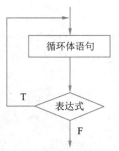

图 5.3　do…while 语句执行流程图

其执行过程为：先执行循环体语句，再计算表达式的值，当表达式的值为真（非零）时，重复执行循环体，直到表达式的值为假（0）时，退出循环结构。

do…while 语句的特点是先执行循环体语句，然后判断循环条件是否成立，一般用于处理循环次数不确定，只给出循环结束条件的情况。需要注意的是，该控制结构的最后有一个分号，不能省略。

do…while 语句执行流程图如图 5.3 所示。

从执行流程图可以看出，do…while 循环结构与 while 循环结构的不同点在于：它第一次先执行循环体语句，然后判断表达式是否为真，如果为真则继续循环；如果为假，则终止循环。因此，do…while 循环至少要执行一次循环语句。

例 5.3　利用格里高利公式：$\dfrac{\pi}{4}=1-\dfrac{1}{3}+\dfrac{1}{5}-\dfrac{1}{7}+\cdots$，求 π，直到最后一项的值小于 10^{-6}。

问题分析：本例解题关键在于求出右边多项式的累加和，格里高公式的序列分母是从 1 开始的奇数，加减号交替出现，可以用 n+2 实现分母的递增，用符号变量 s=-s 实现加减的变化。循环的结束条件也不是由特定的次数决定，而是要运行到某一个精度：最后一项的值小于 10^{-6}，考虑用条件 fabs(t)>1e-6 来控制循环是否结束。

程序代码如下：

```
1  #include <stdio.h>
2  #include <math.h>
3  int main()
4  {
5      int s;
6      float n,t,pi;
7      pi=0;
8      t=1;                          /* 序列的第一项 */
9      n=1.0;                        /* 分母从 1 开始 */
```

```
10      s=1;
11      do
12      {
13          pi=pi+t;
14          n=n+2;                          /* 分母每循环一次增加 2 */
15          s=-s;                           /* 单项的正负号交替变化 */
16          t=s/n;                          /* 下一项的值 */
17      }while(fabs(t)>1e-6);
18      pi=pi*4;
19      printf("pi=%10.6f\n",pi);
20      return 0;
21  }
```

程序运行结果：

```
pi=  3.141594
```

在使用while循环结构和do…while循环结构时，应注意以下几点：

（1）对于同一个问题，可以用while循环结构实现，也可以用do…while循环结构实现。在一般情况下，用两种控制结构处理相同问题时，循环部分是一样的，得到的结果也是相同的。但是，如果循环条件一开始就不成立（为0），那么，两种循环的结果就不相同了。比较下面两个程序，就可以说明这个问题。

例5.4　while 和 do…while 循环比较。

代码1：

```
#include <stdio.h>
int main()
{
    int sum=0,i;
    scanf("%d",&i);
    while(i<=100)
    {
        sum=sum+i;
        i++;
    }
    printf("sum=%d",sum);
    return 0;
}
```

代码2：

```
#include <stdio.h>
int main()
{
    int sum=0,i;
    scanf("%d",&i);
    do
    {
        sum=sum+i;
        i++;
    }while(i<=100);
    printf("sum=%d",sum);
    return 0;
}
```

第一次运行：

代码1和代码2分别输入：1 ↙ 1 ↙

代码1和代码2分别输出：sum=5050 sum=5050

第二次运行：

代码1和代码2分别输入：101 ↙ 101 ↙

代码1和代码2分别输出：sum=0 sum=101

通过本例程序的两次运行结果可以发现：

① 一般情况下，while和do…while可以解决同一问题，两者可以互换。

② 不论什么情况，do…while 循环，循环体至少执行一次；而 while 循环结构中的表达式如果一开始就为假时，循环体一次也不会执行，从而出现两种不同的循环结果。

（2）不管是 while 循环，还是 do…while 循环，为了使循环能够正常结束，在循环体中要有能够改变条件测试结果的相应语句，否则一旦条件满足进入循环结构，循环将无休止地执行，即进入死循环。例如：

```
i=1;
while(i<=10)
    sum=sum+i;    /* 在循环体中没有改变 i 值的语句，形成死循环 */
```

另外，循环条件设置要合理，否则也将构成死循环。如下代码片段：

```
i=123;
while(i<=1000)
{
    if(i%3==0)
        sum=sum+i;
    i=10;
}
```

第一次进入循环体，条件 i%3==0 为真（非 0），语句 sum=sum+i; 被执行，接着 i 赋值为 10，在以后的循环体中，i 一直被赋值为 10，条件 i<=1000 总是成立，也形成一个死循环。

5.4　for 语 句

视 频

循环控制结构
（二）

for 语句是 C 语言中最为灵活、使用最广泛的循环语句，它不仅可以用于循环次数已经确定的情况，也可以用于循环次数不确定而只给出循环结束条件的情况。可完全替代 while、do…while 语句。

for 循环语句的一般形式：

```
for(表达式 1;表达式 2;表达式 3)
    循环体语句;
```

其中，"表达式 1"通常是循环变量的指定初值，在整个循环过程中只运行一次；"表达式 2"是循环条件，如果条件为真，则执行循环结构中的"循环体语句"，否则结束循环；"表达式 3"在每次执行完循环语句后，用于改变循环条件；三个表达式之间必须用";"分隔。循环体语句，可以是单个语句，也可以是复合语句。

for 循环结构的执行过程：

（1）计算表达式 1。

（2）计算表达式 2，若其值为真（非 0），表示循环条件成立，则转到（3）；若其值为假（0），表示循环条件不成立，则转到第（5）步。

（3）执行循环体。

（4）计算表达式 3，然后转到第（2）步判断循环条件是否成立。

（5）结束循环，执行 for 循环结构的后续语句。

for 循环结构执行流程图如图 5.4 所示。

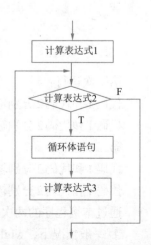

图 5.4　for 循环结构流程图

for语句最简单的应用形式也是最容易理解的形式如下：

```
for(循环变量赋初值;循环条件;修改循环变量)
    循环语句;
```

其中，循环变量赋初值一般为赋值语句，用于给循环控制变量赋初值；循环条件一般为关系表达式或逻辑表达式，决定是否可以进入循环体；修改循环变量，决定循环变量每执行一次循环体后的变化方式。

例5.5　用 for 循环控制结构实现 1 ~ 100 的累加和。

```
1  #include <stdio.h>
2  int main()
3  {
4      int i,sum=0;
5      for(i=1;i<=100;i++)
6          sum=sum+i;
7      printf("1+2+3+…+100=%d\n",sum);
8      return 0;
9  }
```

程序运行结果：

```
1+2+3+…+100=5050
```

程序执行过程为：先执行第5行for循环语句的表达式1，给循环变量i赋初值1；然后执行表达式2，判断i是否小于或等于100，若为真，则执行第6行循环体sum=sum+i；之后执行表达式3，循环变量i的值增加1；然后再执行表达式2，直到条件为假，即i>100时，循环结束。

通过本例可以看出，for语句完全能替换while语句，而且用for语句比用while语句简练，循环条件的初值、终值和循环变量的改变，都写在同一行，不仅直观，而且阅读程序时一目了然。

例5.6　求 1!+2!+…+10! 的值。

```
1  #include <stdio.h>
2  int main()
3  {
4      int i,n=10;
5      long s,t;
6      for(i=1,t=1,s=0;i<=n;i++)
7      {
8          t*=i;               /*t 为上一个数 i-1 的阶乘值，再乘以 i，即 i!=(i-1)!*i*/
9          s+=t;               /* 累加 i!*/
10     }
11     printf("s=%ld\n",s);
12     return 0;
13 }
```

程序运行结果：

```
s=4037913
```

使用for循环语句，需要注意以下几点：

（1）for循环中的"表达式1（循环变量赋初值）"、"表达式2（循环条件）"和"表达式3（修改循环变量）"都是可选项，即可以省略，但三个表达式之间的分隔符号";"一定不能省略。

（2）省略"表达式1（循环变量赋初值）"，则需要在for语句中进行赋初值。

（3）省略"表达式2（循环条件）"，则表示循环条件始终为真，形成死循环。如下for循环语句：

```
for(i=1;;i++) sum=sum+i;
```

相当于：

```
i=1;
while(1)
{
    sum=sum+i;
    i++;
}
```

（4）省略"表达式3（修改循环变量）"，则需要在循环体中加入修改循环控制变量的语句。如下程序片段：

```
for(i=1;i<=100;)
{
    sum=sum+i;
    i++;
}
```

（5）同时省略"表达式1（循环变量赋初值）"和"表达式3（修改循环变量增量）"，如for循环语句：

```
for(;i<=100;)
{
    sum=sum+i;
    i++;
}
```

相当于：

```
while(i<=100)
{
    sum=sum+i;
    i++;
}
```

（6）同时省略三个表达式，例如：

```
for(;;)
    循环体语句;
```

注意：

三个表达式之间的分隔符号";"一定不能缺省。

（7）表达式1和表达式3可以是一个简单表达式，也可以是逗号表达式。

```
for(sum=0,i=1;i<=100;sum=sum+i,i++);
```

或：

```
for(i=0,j=100;i<=100;i++,j--) k=i+j;
```

从语句for(sum=0,i=1;i<=100; sum=sum+i, i++);可以看出，循环体语句可以是空语句，即循环体只是一个分号，循环体语句要实现的功能在"表达式3"中实现了。虽然这样处理可以使程序短小简洁，但如果循环体语句较多或较复杂，这样处理会使for语句显得杂乱，降低程序的可读性，编程时要注意。

（8）"表达式2"一般是关系表达式或逻辑表达式，但也可以是数值表达式或字符表达式，甚至可以是一个复杂的表达式，只要其值非零，就执行循环体。例如：

```
for(i=0;(c=getchar())!='\n';i+=c);
```

又如：

```
for(;(c=getchar())!='\n';)
    printf("%c",c);
```

5.5　break 和 continue 语句

5.5.1　break 语句

break语句除了可用于switch…case选择控制结构外，还可用于循环结构。当break语句用于循环语句中时，可使程序执行流程从循环体内跳出，提前终止循环执行，转去执行循环后面的语句。通常break语句总是与if语句连在一起使用，当满足条件时便跳出循环。

break语句的语法格式为：

```
break;
```

例 5.7　break 语句的使用。

```
1  #include <stdio.h>
2  #define PI  3.14159
3  int main()
4  {
5      int r;
6      float area;
7      for(r=1;r<=10;r++)
8      {
9          area=PI*r*r;
10         if(area>100)  break;
11         printf("r=%d,area=%.2f\n",r,area);
12     }
13     return 0;
14 }
```

程序运行结果：

```
r=1,area=3.14
r=2,area=12.57
r=3,area=28.27
r=4,area=50.27
r=5,area=78.54
```

本例程序计算 r=1 到 r=10 时的圆面积，直到面积 area 大于 100 为止。当 area>100 时，执行 break 语句，提前结束循环，即不再继续执行其他几次循环，退出 for 循环结构，执行后续其他语句。

例5.8   将小写字母转换成大写字母，直至输入非字母字符退出循环。

```
1  #include <stdio.h>
2  int main()
3  {
4      char c;
5      while(1)
6      {
7          printf(" 输入一个字符：\n");
8          c=getchar();
9          if(c>='a'&&c<='z')putchar(c-32);
10         else if(c>='A'&&c<='Z')putchar(c);
11         else break;
12     }
13     return 0;
14 }
```

使用 break 语句，需要注意以下几点：

（1）break 语句不能用于循环语句和 switch 开关语句之外的任何语句，所以 break 语句对 if…else 的条件语句不起作用。

（2）在多重循环中，break 语句执行后，只能跳出其所在那一层循环结构。有关多重循环的概念，将在 5.6 节介绍。

5.5.2 continue 语句

continue 语句的作用是结束本次循环，即跳过循环体下面尚未执行的语句，转去执行循环条件，根据执行结果决定是否执行下一次循环。若在 for 循环语句中，continue 语句执行后，转去计算表达式3，然后再执行表达式2。

continue 语句只能用在 for、while、do…while 等语句的循环体中常与 if 条件语句一起使用。

continue 语句使用的一般形式为：

```
continue;
```

break 和 continue 语句的区别如下：

（1）continue 语句只结束本次循环，break 语句则是结束整个循环。它们的控制流程对比如图 5.5 所示。

（2）continue 语句只用于 while、do…while、for 循环语句中，break 语句还可以用于 switch 语句中。

例5.9   输出 100 ~ 200 之间所有能够被 7 或 9 整除的数。

```
1  #include <stdio.h>
2  int main()
3  {
4      int i,n=0;
5      for(i=100;i<=200;i++)
```

```
6        {
7            if((i%7!=0)&&(i%9!=0))  continue;
8            printf("%5d",i);
9            n++;
10           if(n%5==0)
11               printf("\n");              /* 当 n 被 5 整除时换行，即一行输出 5 个数 */
12       }
13       return 0;
14   }
```

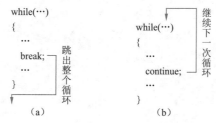

图 5.5　continue 和 break 语句的控制流程对比

程序运行结果：

105	108	112	117	119
126	133	135	140	144
147	153	154	161	162
168	171	175	180	182
189	196	198		

5.6　循 环 嵌 套

一个循环体内又包含了另一个完整的循环结构，称为循环的嵌套。例如下列几种语句形式：

```
for( ; ;)
{
    ...
    while()
    {
        ...
    }
    ...
}
```

```
do{
    ...
    for(; ;)
    {
        ...
    }
    ...
}while();
```

```
for( ; ;)
{
    ...
    do{
        ...
    }while();
    ...
    while()
    {
        ...
    }
    ...
}
```

　　处于外部的循环称为外循环，处于内部的循环称为内循环，可以将嵌套在外循环体内的循环结构看作循环体中的一条语句。在循环嵌套程序的执行过程中，外层循环先执行，每执行一次外循环，内层循环都要从头至尾执行一遍。需要注意的是，循环可以互相嵌套，但不能相互交叉。

顺序结构、选择结构和循环结构并不是彼此孤立的，三种循环结构的循环体中都可以包含任一种完整的循环结构、选择结构，且它们可多层嵌套。其实不管哪种结构，均可广义地把它们看作一条语句。在实际编程过程中，常将这三种结构相互结合以实现各种算法，设计出相应程序。

例 5.10 用 for 循环嵌套打印九九乘法表。

```
1   #include <stdio.h>
2   int main()
3   {
4       int i,j;
5       for(i=1;i<=9;i++)
6       {
7           for(j=1;j<=i;j++){
8               printf(" %d*%d=%2d",j,i,i*j);
9           }
10          printf("\n");
11      }
12      return 0;
13  }
```

本例代码中，使用双重循环，实现九九乘法表。第4行定义了i、j两个变量。嵌套的for循环中，外层循环控制行，内层循环控制列。第5行为外层循环，控制九九乘法表输出打印的行，共9行。第7行是内层循环结构，给j赋初值，每一行有多少列由行确定，第一行有一列，第二行有两列，依此推出，j<=i。

程序运行结果：

```
1*1=1
1*2=2 2*2=4
1*3=3 2*3=6  3*3=9
1*4=4 2*4=8  3*4=12 4*4=16
1*5=5 2*5=10 3*5=15 4*5=20 5*5=25
1*6=6 2*6=12 3*6=18 4*6=24 5*6=30 6*6=36
1*7=7 2*7=14 3*7=21 4*7=28 5*7=35 6*7=42 7*7=49
1*8=8 2*8=16 3*8=24 4*8=32 5*8=40 6*8=48 7*8=56 8*8=64
1*9=9 2*9=18 3*9=27 4*9=36 5*9=45 6*9=54 7*9=63 8*9=72 9*9=81
```

5.7 循环结构程序设计举例

视 频

循环控制结构
（三）

例 5.11 在屏幕上输出如下三种图形。

```
****                *                    *
****               **                   ***
****              ***                  *****
****             ****                 *******
(a)              (b)                  (c)
```

（1）输出图形（a）的程序代码如下：

```
1   #include <stdio.h>
```

```
2    int main()
3    {
4        int i,j;
5        for(i=1;i<=4;i++)                /* 总共要输出 4 行星号 */
6        {
7            for(j=1;j<=4;j++)            /* 控制每行输出 4 个星号 */
8                printf("*");
9            printf("\n");                /* 控制输出每行星号后换行 */
10       }
11       return 0;
12   }
```

（2）输出图形（b）的程序代码如下：

```
1    #include <stdio.h>
2    int main()
3    {
4        int i,j;
5        for(i=1;i<=4;i++)                /* 总共要输出 4 行星号 */
6        {
7            for(j=1;j<=i;j++)            /*j<=i 表达式控制每行输出星号个数的变化 */
8                printf("*");
9            printf("\n");
10       }
11       return 0;
12   }
```

（3）输出图形（c）的程序代码如下：

```
1    #include <stdio.h>
2    int main()
3    {
4        int i,j,k;
5        for(i=1;i<=4;i++)                /* 总共要输出 4 行星号 */
6        {
7            for(j=3;j>=i;j--)            /* 控制每行星号前面显示的空格个数 */
8                printf(" ");
9            for(k=1;k<=2*i-1;k++)        /* 控制每行输出的星号个数 */
10               printf("*");
11           printf("\n");
12       }
13       return 0;
14   }
```

例 5.12   输入一个数，判断这个数是否为素数。

算法分析：所谓素数，就是只能被1和它本身整除的数。要判断一个正整数 m 是不是素数，可以使用一个循环，使用大于1且小于 m 本身（这里用 $m/2$ 即可）的正整数去除 m，所以循环次数为 $k=m/2$。只要 m 能被其中的一个数整除，就说明它不是素数，循环就终止，此时循环提前停止，循环变量 $i \leqslant k$。若所有数都不能被它整除，说明它是素数，这时循环进行到 $i>k$，正常结束。算法的结构流程图如图5.6所示。

程序代码如下：

```
1   #include <stdio.h>
2   #include <math.h>
3   int main()
4   {
5       int m,i,k;
6       printf("请输入一个数字:\n");
7       scanf("%d",&m);
8       k=m/2;
9       for(i=2;i<=k;i++)
10          if(m%i==0)
11              break;
12      if(i>=k)
13          printf("%d是素数\n",m);
14      else
15          printf("%d不是素数\n",m);
16      return 0;
17  }
```

程序运行情况：

第一次运行
请输入一个数字
13↙
13是素数
第二次运行
请输入一个数字
16↙
16不是素数

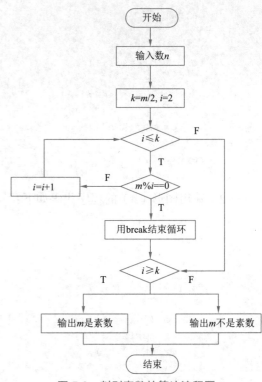

图 5.6　判别素数的算法流程图

例 5.13　编写程序，求 $s=1!+2!+3!+\cdots+n!$（n 由输入决定）。

解一：

```
#include <stdio.h>
int main()
{
    int i,j,n;
    long int t=1,sum=0;              /*t 存放每项阶乘值，sum 存放累加和 */
    printf("input n:",&n);
    scanf("%d",&n) ;
    for(i=1;i<=n;i++)
    {
        t=1;
        for(j=1;j<=i;j++)            /* 求 i! 值 */
            t=t*j;
            sum=sum+t;              /* 累加 */
    }
    printf("n!=%ld",sum);
    return 0;
}
```

解二：按提示 $n!= n*(n-1)!$ 以下程序效率高。

```c
#include <stdio.h>
int main( )
{
    int i, n;
    long int t=1,sum=0;                /*t 存放每项阶乘值，sum 存放累加和 */
    printf("input n:",&n);
    scanf("%d",&n);
    for(i=1;i<=n;i++)
    {
        t=t*i;                         /* 前一项 (i-1)! 乘 i，得 i! 值 */
        sum=sum+t;                     /* 累加 */
    }
    printf("n!=%ld",sum);
    return 0;
}
```

例 5.14　若一个三位整数的各位数字的立方之和等于这个整数，称为"水仙花数"。例如：153 是水仙花数，因为 $153=1^3+5^3+3^3$，求所有水仙花数。

```c
#include <stdio.h>
int main( )
{
    int i,j,k,a;
    printf(" 水仙花数是: \n");
    for(i=1;i<=9;i++)
        for(j=0;j<=9;j++)
            for(k=0;k<=9;k++)
            {
                a=i*100+j*10+k;
                if(a==i*i*i+j*j*j+k*k*k)
                    printf("%d\n",a);
            }
    return 0;
}
```

<h1 style="text-align:center">习　题</h1>

一、选择题

1. 有以下程序段

```c
int n,t=1,s=0;
scanf("%d",&n);
do{s=s+t;    t=t-2;  }while (t!=n);
```

为使此程序段不陷入死循环，从键盘输入的数据应该是（　　）。

　　A. 任意正奇数　　B. 任意负偶数　　C. 任意正偶数　　D. 任意负奇数

2. 有以下程序

```
main()
{   int k=5,n=0;
    while(k>0)
    {   switch(k)
        {   default:  break;
            case  1:  n+=k;
            case  2:
            case  3:  n+=k;
        }
        k--;
    }
    printf("%d\n",n);
}
```

程序运行结果为（　　）。

A. 0　　　　　　　B. 4　　　　　　　C. 6　　　　　　　D. 7

3. 有以下程序

```
main()
{
    int a=1,b;
    for(b=1;b<=10;b++)
    {
        if(a>=8)   break;
        if(a%2==1)  {  a+=5;  continue;}
        a-=3;
    }
    printf("%d\n",b);
}
```

程序运行结果为（　　）。

A. 3　　　　　　　B. 4　　　　　　　C. 5　　　　　　　D. 6

4. 有以下程序

```
main()
{   int s=0,a=1,n;
    scanf("%d",&n);
    do
    {   s+=1;    a=a-2;  }
    while(a!=n);
    printf("%d\n",s);
}
```

若要使程序的输出值为 2，则应该从键盘给 n 输入的值是（　　）。

A. -1　　　　　　　B. -3　　　　　　　C. -5　　　　　　　D. 0

5. 若有如下程序段，其中 s、a、b、c 均已定义为整型变量，且 a、c 均已赋值（c 大于 0）。

```
s=a;
for(b=1;b<=c;b++) s=s+1;
```

则与上述程序段功能等价的赋值语句是（　　　）。

    A．s=a+b;　　　　B．s=a+c;　　　　C．s=s+c;　　　　D．s=b+c;

6．有以下程序

```
main()
{   int k=4,n=4;
    for( ;n<k;)
    {
        n++;
        if(n%3!=0)  continue;
        k--;
    }
    printf("%d,%d\n",k,n);
}
```

程序运行结果为（　　　）。

    A．1,1　　　　　　B．2,2　　　　　C．3,3　　　　　D．4,4

7．有以下程序

```
main ()
{   int n;
    float s;
    s=1.0;
    for(n=10;n>1;n--)
    s=s+1/n;
    print("%6.4f\n",s);
}
```

程序运行后输出结果错误，导致错误结果的程序行是（　　　）。

    A．s=1.0;　　　　　　　　　　　B．for(n=10;n>1;n--)

    C．s=s+1/n;　　　　　　　　　　D．printf("%6.4f/n",s);

8．有以下程序段

```
int n=0,p;
do{scanf("%d",&p);n++;}
while(p!=12345 &&n<3);
```

此处 do…while 循环的结束条件是（　　　）。

    A．p的值不等于12345并且n的值小于3

    B．p的值等于12345并且n的值大于或等于3

    C．p的值不等于12345或者n的值小于3

    D．p的值等于12345或者n的值大于或等于3

9．t为int类型，进入下面的循环之前，t的值为0。

```
while(t=1)
{ … }
```

则以下叙述中正确的是（　　　）。

    A.　循环控制表达式的值为 0　　　　B.　循环控制表达式的值为 1

    C.　循环控制表达式不合法　　　　　D.　以上说法都不正确

10.　以下循环体的执行次数是（　　　　）。

    A. 3　　　　　　　　B. 2　　　　　　　　C. 1　　　　　　　　D. 0

```
main()
{
    int i,j;
    for(i=0,j=1;i<=j+1;i+=2,j-- )
        printf("%d \n",i);
}
```

二、填空题

1.　有以下程序段

```
int a;
for(scanf("%d",&a);!a;) printf("continue");
```

则 for 语句中的 !a 等价于_____。

2.　有以下程序段

```
int x,y,z;
x=20,y=40,z=60;
while(x<y) x+=4,y-=4; z/=2;
printf("%d,%d,%d",x,y,z);
```

则此程序执行的输出结果为_____。

3.　有以下程序

```
int j=0,k=0,a=0;
while(j<2)
{
    j++;
    a=a+1;
    k=0;
    while(k<=3)
    {
        k++;
        if(k%2!=0)
            continue;
        a=a+1;
    }
    a=a+1;
}
```

程序执行后，a 的值为_____。

4.　以下程序的输出结果是_____。

```
main()
{
    int n=0;
```

```
    while(n++<=2);
    printf("%d",n);
}
```

5. 以下程序的输出结果是_____。

```
main()
{
    int i,j,m=0;
    for(i=1;i<15;i+=4)
      for(j=3;j<=19;j+=4) m++;
    printf("%d",m);
}
```

6. 以下程序的输出结果是_____。

```
main()
{   int a=1,b=10;
    do{b-=a; a++;} while(b--<0);
    printf("a=%d,b=%d",a,b);
}
```

7. 已知 int i=1; 执行 while (i++<4); 语句后，变量 i 的值为_____。

8. 以下程序的输出结果是_____。

```
main()
{
    int a=1,b=0;
    do
    {
        switch(a)
        {
            case 1: b=1;break;
            case 2: b=2;break;
            default: b=0;
        }
        b=a+b;
    }while(!b);
    printf("a=%d,b=%d",a,b);
}
```

9. 以下程序的输出结果是_____。

```
main()
{
    int i,j,k=10;
    for(i=0;i<2;i++)
    {
        k++;
        {
            int k=0;
            for(j=0;j<=3;j++)
```

```
            {
                if(j%2) continue;
                k++;
            }
        }
        k++;
    }
    printf("k=%d\n",k);
}
```

10. break 语句只能用于_____语句和_____语句。

11. 以下程序的功能是计算：s=1+12+123+1234+12345。请填空。

```
main()
{
    int t=0,s=0,i;
    for(i=1;i<=5;i++){ t=i+ _____ ;s=s+t; }
    printf("s=%d\n",s);
}
```

12. 以下程序的输出结果是_____。

```
main()
{
    int x=15;
    while(x>10&&x<50)
    {   x++;
        if(x/3){x++;break;}
        else continue;
    }
    printf("%d\n",x);
}
```

13. 若输入字符串：abcde< 回车 >，则以下 while 循环体将执行_____次。

```
    while((ch=getchar())=='e') printf("*");
```

14. 设 i、j、k 均为 int 型变量，则执行完 for(i=0,j=10;i<=j;i++,j--) k=i+j; 语句后 k 的值为_____。

三、编程题

1. 求 $n!$。

2. 求这样一个三位数，该三位数等于其每位数字的阶乘之和。即：$abc = a! + b! + c!$。

3. 连续输入若干个正整数，求出其和及平均值，直到输入 0 时结束。

4. 编写程序，求 S=1/(1+2)+1/(2+3)+1/(3+4)+…前 50 项的和。

5. 编程求出 1 000 ~ 3 000 之间能被 7、11、17 同时整除的整数的平均值，并输出（结果保留两位小数）。

6. 编程找出满足下列条件的所有四位数的和并输出：该数第一、三位数字之和为 10，第二、四位数字之积为 12。

7. 计算 s=1-1/3 + 1/5- 1/7+…-1/101 的值并输出。

8. 输入一个正整数，要求以相反的顺序输出该数。例如输入 12345，输出为 54321。

9. 用迭代法求 $x = \sqrt{a}$。求算术平方根的迭代公式为 $x_{n+1} = \dfrac{1}{2}\left(x_n + \dfrac{a}{x_n}\right)$。前后两次求出的 x 差的绝对值小于 10^{-5}。

10. 输入一个正整数，输出它的所有质数因子。

11. 编写程序，求出所有各位数字的立方和等于 1 099 的 3 位整数。

12. 计算并输出方程 $x^2 + y^2 = 1\,989$ 的所有整数解。

13. 编写程序，按下列公式计算 e 的值（精度为 1.0×10^{-6}）：

$$e = 1 + 1/1! + 1/2! + 1/3! + \cdots + 1/n! + \cdots$$

14. 编写程序，按下列公式计算 y 的值（精度为 1.0×10^{-6}）：

$$y = \sum_{r=1}^{n} \frac{1}{r^2 + 1}$$

15. 输出 6~10 000 之间的亲密数对。说明：若 (a,b) 是亲密数对，则 a 的因子和等于 b，b 的因子和等于 a，且 a 不等于 b。如 (220,284) 是一对亲密数对。

16. 求 $S_n = a + aa + aaa + \cdots + \overbrace{aa\cdots a}^{n\text{个}a}$ 之值，其中 a 代表 1～9 中的一个数字。例如，a 代表 2，则求 2+22+222+2222+22222（此时 $n=5$），a 和 n 由键盘输入。

17. 猴子吃桃子问题。猴子第一天摘下若干个桃子，当即吃了一半，还不过瘾，又多吃了一个。第二天早上又将剩下的桃子吃掉一半，又多吃了一个。以后每天早上都吃了昨天的一半零一个。到第 10 天早上一看，只剩下一个桃子了。求第一天共摘了多少个桃子。

第6章
数　组

在 C 语言中，除了前面介绍的基本类型外，还有一些复杂的数据类型，是用基本数据类型按一定规则组成的，称为构造类型。构造类型的每一个分量可以是一个简单类型的变量，也可以又是一个构造类型的变量，它们可以像简单变量一样使用。C 语言的构造类型有数组、指针、结构、联合、枚举等。本章介绍其中一种——数组。

数组是由相同数据类型的变量组成的一个集合，它们拥有一个共同的名字，组成集合的每一个元素都用下标来访问。在 C 语言中，所有数组元素都以相邻的存储地址存放，最低的地址对应于数组的第一个元素，最高的地址对应于最后一个元素。数组可以是一维，也可以是多维。

6.1　一维数组

6.1.1　一维数组的定义

在 C 语言中使用数组必须先进行定义。

一维数组的定义形式：

```
类型标识符 数组名 [常量表达式];
```

其中，类型说明符可以是 int、chart 和 float 等，它表明每个数组元素所具有的数据类型。数组名的命名规则与变量完全相同。常量表达式的值是数组的长度，即数组中所包含的元素个数。

例如，用于存放 5 个整数的一维数组可如下定义：

```
int num[5];
```

其中，num 是数组的名字，常量 5 指明这个数组有 5 个元素，下标从 0 开始，这 5 个元素是：num[0]、num[1]、num[2]、num[3]、num[4]，注意不能使用数组元素 num[5]，这 5 个元素都是 int 型。

定义数组后，C 语言在编译时给数组分配一段连续的内存空间，内存字节数 = 数组元素个数 × sizeof(元素数据类型)，数组元素按下标递增的次序连续存放。数组名是数组所占内存区域的首地址，即数组第一个元素存放的地址。

例如：int num[5];，假设首地址是2000，在VC++ 6.0编译环境中，int类型占4字节，则在内存中的存储分布示意图如图6.1所示。

| num[0] | num[1] | num[2] | num[3] | num[4] |

内存地址 ⟶ 　2000　　2004　　2008　　2012　　2016

图 6.1　一维数组在内存中的存储分布

数组num共占用字节数为：$5 \times$ sizeof(int)=5×4=20。

对于数组类型说明应注意以下几点：

（1）表示数组长度的常量表达式，必须是正的整型常量表达式，通常是一个整型常量。

（2）定义数组的长度不能使用变量。下面这种数组定义方式是不允许的：

```
int n;
scanf("%d",&n);
int a[n];
```

数组的长度可以是符号常数或常量表达式。例如：

```
#define SIZE 5
int  main()
{
    int array[SIZE];
}
```

（3）允许在同一个类型说明中，说明多个数组和多个变量，互相之间用逗号隔开。例如：

```
float  a[10],f,b[20];
```

定义一个具有10个元素的单精度型数组a，f是一个单精度型变量，b是具有20个元素的单精度型数组。

（4）数组名不能与其他变量名相同。如下列定义是错误的。

```
int main()
{
    int a;
    float a[10];
    …
}
```

6.1.2　一维数组元素的引用

定义了数组后，就可以引用数组中的每个元素。数组元素也是一种变量，其标识方法为数组名后跟一个下标。下标表示了元素在数组中的顺序号。

一维数组元素的一般形式为：

数组名［下标表达式］

其中，下标表达式可以是整型常量、整型变量及其表达式。例如：

num[5]

```
num[i+j]
num[i++]
```

都是合法的数组元素。

例如，输出有5个元素的数组必须使用循环语句逐个输出各下标变量：

```
for(i=0;i<5;i++)
printf("%d",num[i]);
```

而不能用一个语句输出整个数组。

下面的写法是错误的：

```
printf("%d",num);
```

同时，由于每个数组元素的作用相当于一个同类型的简单变量，所以，对基本数据类型的变量所能进行的各种运算，也都适合于同类型的数组元素。

6.1.3　一维数组元素的初始化

给数组赋值的方法除了用赋值语句对数组元素逐个赋值外，还可采用初始化赋值的方法。数组初始化赋值是指在数组定义时给数组元素赋予初值，初始化赋值的一般形式为：

```
类型说明符 数组名 [常量表达式]={值，值，…，值};
```

其中，{}中的各数据值即为各元素的初值，各值之间用逗号间隔。例如：

```
int num[5]={0,1,2,3,4};
```

num数组经过上面的初始化后，每个数组元素分别赋予如下初值：

```
num[0]=0;num[1]=1;num[2]=2;num[3]=3.;num[4]=4;
```

C语言对数组的初始化赋值还有以下几点规定：

（1）可以只给部分元素赋初值。

当{}中值的个数少于元素个数时，只给前面部分元素赋值。例如：

```
int num[10]={0,1,2,3,4};
```

表示只给num [0] ~num[4]这5个元素赋值，而后5个元素自动赋0值。

（2）在对全部数组元素赋初值时，可以不指定数组长度。例如：

```
int num[5]={1,2,3,4,5};
```

可以写成：

```
int num[ ]={1,2,3,4,5};
```

在第二种写法中，花括号中有5个数，系统就会据此自动定义num数组的长度为5。但若被定义的数组长度与提供初值的个数不相同，则数组长度不能省略。

（3）若想使一个数组中全部元素值都为0，则可写成：

```
int num[5]={0,0,0,0,0};
```

或

```
int num[5]={0};
```

6.1.4　一维数组的常见操作

C语言常对数组进行遍历、获取最值、排序等操作。接下来针对一维数组的常见操作进行详细讲解。

1. 数组的遍历

在操作数组时，经常要访问数组中的每个元素，这种操作称为数组的遍历。

例 6.1　从键盘输入 5 个整数，保存到数组 num 中，再输出。

```
1  #include <stdio.h>
2  int main()
3  {
4      int i,num[5];
5      printf("请输入数组 num（共 5 个整数）");
6      for(i=0;i<5;i++)
7          scanf("%d",&num[i]);
8      printf("输出数组 num: ");
9      for(i=0;i<5;i++)
10         printf("num[%d]=%d    ", i,num[i]);
11     return 0;
12 }
```

程序运行结果：

请输入数组 num（共 5 个整数）　1 2 3 4 5↙
输出数组 num: num[0]=1　num[1]=2　num[2]=3　num[3]=4　num[4]=5

注意：

（1）scanf() 和 printf() 不能一次处理整个数组，只能逐个处理数组元素。当下标 i 取不同的值时，num[i] 代表不同的数组元素，因此常常利用循环结构输入 / 输出数组元素。

（2）用循环结构处理数组元素时，应注意下标的取值范围，不能越界，编译系统对下标的越界不进行检查。

2. 数组的最值

在操作数组时，经常需要获取数组中元素的最值。下面演示如何获得数组中的最大值。

例 6.2　输入 10 个整型数据，找出其中的最大值并输出。

```
1  #include <stdio.h>
2  int main()
3  {
4      int a[10],max,i;
5      for(i=0;i<10;i++)
6          scanf("%d",&a[i]);
7      max=a[0];
8      for(i=1;i<10;i++)
9          if(max<a[i])  max=a[i];
10     printf("max=%d",max);
11     return 0;
12 }
```

在例 6.2 中，实现了获取数组 a 中最大值的功能。在第 7 行代码中，假定数组中的第一个元素为最大值，并将其赋给 max，第 8、9 行代码对数组中的其他元素遍历，如果发现比 max 值大的元素，则将 max 设置为该元素的值。这样，当数组遍历完成后，max 中存储的就是数组中的最大值。

3. 数组的排序

在程序设计中，经常需要将一个数组进行排序，以方便统计，下面介绍冒泡排序算法。

冒泡排序的基本概念是：依次比较相邻的两个数，将小数放在前面，大数放在后面。即在第一趟：首先比较第一个和第二个数，将小数放在前面，大数放在后面。然后比较第二个数和第三个数，将小数放在前面，大数放在后面，如此继续，直至比较最后两个数，将小数放在前面，大数放在后面。至此第一趟结束，将最大的数放到了最后。在第二趟：仍从第一对数开始比较，将小数放在前面，大数放在后面，一直比较到倒数第二个数（倒数第一的位置上已经是最大的），第二趟结束，在倒数第二的位置上得到一个新的最大数（其实在整个数组中是第二大的数）。依此类推，重复以上过程，直至最终完成排序。由于在排序过程中总是小数往前放，大数往后放，就像水底的气泡逐渐向上冒，所以称为冒泡排序。

例 6.3　输入 10 个整型数据，要求按照从小到大的顺序在屏幕上显示出来。

```
1   #include <stdio.h>
2   int main()
3   {
4       int a[10];
5       int i,j,t;
6       printf("input 10 numbers: ");
7       for(i=0;i<10;i++)              /* 输入 10 个整数，存储到数组 a 中 */
8           scanf("%d",&a[i]);
9       for(i=0;i<9;i++)
10      {
11          for(j=0;j<9-i;j++)
12          {
13              if(a[j]>a[j+1])        /* 变量 j 既是控制内循环的变量，又是控制待比较元素的下标 */
14              {
15                  t=a[j];
16                  a[j]=a[j+1];
17                  a[j+1]=t;
18              }
19          }
20      }
21      printf("the sorted numbers:  ");
22      for(i=0;i<10;i++)
23          printf("%d   ",a[i]);
24      return 0;
25  }
```

程序运行结果：

```
input 10 numbers:
5  8  3  21  0  -4  143  -12  67  42 ↙
```

```
the sorted numbers:
-12  -4  0  3  5  8  21  42  67  143
```

在例6.3中，用a[0]～a[9]存储10个数据，排序时采用二重循环，外层循环控制比较的"趟"数，比较$n-1$趟（n为数据数量）（共9趟），内层循环控制每趟比较的"次"数，内层循环第一次比较$n-1$次，第二次比较$n-2$次，……，当$n=10$时，第一趟比较9次，将最大数置于a[9]中；第二趟比较8次，将次大数置于a[8]中；……；第九趟比较1次，将次小数置于a[1]中；余下的最小数置于a[0]中。

6.1.5　一维数组的应用

例6.4　通过数组求 Fibonacci 数列的前 20 项。Fibonacci 数列有如下特点：第一和第二个数为1、1，从第三个数开始，该数是其前面两个数之和。

```
1  #include <stdio.h>
2  int main()
3  {
4      int i;
5      int f[20]={1,1};
6      for(i=2;i<20;i++)
7          f[i]=f[i-2]+f[i-1];
8      for(i=0;i<20;i++)
9      {
10         if(i%5 ==0)   printf("\n");            /* 控制每行输出 5 个数据 */
11         printf("%12d",f[i]);
12     }
13     return 0;
14 }
```

在程序的第5行，初始化数组 f，使f[0]=1,f[1]=1，在程序的第6和第7行，根据 Fibonacci 数列的特点，给数组 f 的其他元素赋值，最后输出数组 f。

程序运行结果：

```
           1             1             2             3             5
           8            13            21            34            55
          89           144           233           377           610
         987          1597          2584          4181          6765
```

例6.5　有一个已经排好序的数组。现输入一个数，要求按原来的规律将它插入数组中。

```
1  #include <stdio.h>
2  int main()
3  {
4      int a[11]={1,4,6,9,13,16,19,28,40,100};
5      int number,i,j;
6      printf("original array is:\n");
7      for(i=0;i<10;i++)
8          printf("%5d",a[i]);
9      printf("\n");
10     printf("insert a new number:");
```

```
11          scanf("%d",&number);
12      if(number>a[9])                        /*  如果大于最后一个元素  */
13      {
14          a[10]=number;
15      }
16      else
17      {
18          for(i=0;i<10;i++)
19          {
20              if(a[i]>number)
21              {
22                  j=i;                        /*  保存要插入的位置（下标）*/
23              }
24          }
25          for(i=9;i>=j;i--)                   /*  向后移位  */
26          {
27              a[i+1]=a[i];
28          }
29          a[j]=number;                        /*  插入元素  */
30      }
31      for(i=0;i<11;i++)
32      {
33          printf("%5d",a[i]);
34      }
35      return 0;
36  }
```

　　程序的第12～15行，首先判断此数是否大于数组的最后一个数a[9]，如果大于，则把此数存入a[10]，否则，程序的第18～24行查找此数在数组中的插入位置，程序的第25～28行将数组元素向后移位，移位后，程序的第29行把此数存入到要插入的位置，最后输出插入此数后的数组。

6.2 二 维 数 组

6.2.1　二维数组的定义

　　前面介绍的数组只有一个下标，称为一维数组。当数组的每个元素又是数组时，就构成了多维数组。多维数组元素有多个下标，以标识它在数组中的位置，所以又称多下标变量。下面只介绍二维数组，有关三维及以上的定义和引用数组可由二维数组类推而得到。

　　二维数组定义的一般形式是：

类型说明符 数组名 [常量表达式 1][常量表达式 2]

　　其中，常量表达式1表示第一维下标的长度，常量表达式2表示第二维下标的长度。例如：

`int a[3][4];`

表示数组a是一个二维数组，有3行4列共12个元素，每个元素都是int型。与一维数组相

● 视 频

二维数组的
作用、定
义、初始化
和应用

似，二维数组的每个下标也是从0开始的，该数组的下标变量共有12（即3×4）个，即：

```
a[0][0],a[0][1],a[0][2],a[0][3]
a[1][0],a[1][1],a[1][2],a[1][3]
a[2][0],a[2][1],a[2][2],a[2][3]
```

二维数组中的每个元素都具有相同的数据类型，且占有连续的存储空间。一维数组的元素是按照下标递增的顺序连续存放的；在C语言中，二维数组元素的排列顺序是按行进行的，即在内存中，先按顺序排第1行的元素，然后按顺序排第2行的元素，依此类推。上面定义的a数组中的元素在内存中的排列顺序为：

```
a[0][0],a[0][1],a[0][2],a[0][3],a[1][0],a[1][1],a[1][2],a[1][3],a[2][0],a[2][1],
a[2][2],a[2][3]
```

6.2.2 二维数组元素的初始化

二维数组初始化也是在类型说明时给各下标变量赋初值。

（1）可以像一维数组那样，将所有元素的初值写在一对花括号内，按数组排列的顺序对各元素赋初值。例如：

```
int a[3][4]={1,2,3,4,5,6,7,8,9,10,11,12};
```

a数组经过上面的初始化后，每个数组元素分别赋予如下的初值：

```
a[0][0]=1,a[0][1]=2,a[0][2]=3,a[0][3]=4,a[1][0]=5,a[1][1]=6,a[1][2]=7,a[1][3]=8,
a[2][0]=9,a[2][1]=10,a[2][2]=11,a[2][3]=12
```

（2）分行给二维数组赋初值，每行的数据用一对花括号括起来，各行之间用逗号隔开，例如：

```
int a[3][4]={{1,2,3,4},{5,6,7,8},{9,10,11,12}};
```

对于二维数组初始化赋值还有以下说明：

（1）以只对部分元素赋初值，未赋初值的元素自动取0值。例如：

```
int a[3][3]={{1},{2},{3}};
```

是对每一行的第一列元素赋值，未赋值的元素取0值。赋值后各元素的值为：

```
1 0 0
2 0 0
3 0 0
```

例如：

```
int a [3][3]={{0,1},{0,0,2},{3}};
```

赋值后的元素值为：

```
0 1 0
0 0 2
3 0 0
```

（2）如对全部元素赋初值，则第一维的长度可以不给出。例如：

```
int a[3][3]={1,2,3,4,5,6,7,8,9};
```

可以写为：

```
int a[][3]={1,2,3,4,5,6,7,8,9};
```

6.2.3　二维数组的引用

二维数组元素的表示形式为：

数组名 [下标] [下标]

其中，下标可以是整型常量、整型变量及其表达式。

例如，b[2][3] 表示 b 数组中第 2 行第 3 列的元素，与一维数组类似，这里的行和列也是从 0 开始编号的。

例 6.6　从键盘上为一个 5×5 整型数组赋值，求其对角线上元素的和。

```
1   #include <stdio.h>
2   int main()
3   {
4       int i,j,sum;
5       int a[5][5];
6       sum=0;
7       for(i=0;i<5;i++)
8       {
9           for(j=0;j<5;j++)
10          {
11              scanf("%d",&a[i][j]);
12              if(i=j) sum=sum+a[i][j];
13          }
14      }
15      printf("sum=%d\n",sum);
16      return 0;
17  }
```

例 6.7　一个学习小组有五个人，每个人有三门课的考试成绩，成绩见表 6.1，求每科的平均成绩。

表 6.1　学生成绩表

科　　目	张　明	王　军	李　晓	赵　红	周　晨
math	80	61	59	85	76
C language	75	65	63	87	77
dbase	92	71	70	90	85

```
1   #include <stdio.h>
2   int  main()
3   {
4       int i,j,sum=0,a[3][5];          /* 二维数组 a[3][5] 存放三门课五个人的成绩 */
5       double v[3];
6       printf("input score\n");
7       for(i=0;i<3;i++)
8       {
9           for(j=0;j<5;j++)
10          {
```

```
11              scanf("%d",&a[i][j]);
12          }
13      }
14      /* 求各科平均分 */
15      for(i=0;i<3;i++)
16      {
17          sum=0;
18          for(j=0;j<5;j++)
19          {
20              sum=sum+a[i][j];
21          }
22          v[i]=sum/5.0;
23      }
24      printf("math:%f\nC language:%f\ndbase:%f\n",v[0],v[1],v[2]);
25      return 0;
26  }
```

程序中使用一维数组 v[3] 存放所求得各科平均成绩，第 7～13 行用了一个双重循环给五个学生的三门课输入数据，在第 15～23 行，把这些成绩累加起来，退出内循环后再把该累加成绩除以 5 送入 v[i] 中，这就是该门课程的平均成绩。外循环共循环三次，分别求出三门课各自的平均成绩并存放在 v 数组中。最后按题意输出各科的平均成绩。

例 6.8 从键盘上输入年月日，计算该日是该年的第几天。

```
1  #include <stdio.h>
2  int  main()
3  {
4      int year,month,day,days,i,leap;
5      int mtable[][13]={{0,31,28,31,30,31,30,31,31,30,31,30,31},
                         {0,31,29,31,30,31,30,31,31,30,31,30,31}};
6      printf("input year,month,day:");
7      scanf("%d,%d,%d",&year,&month,&day);
8      leap=0;
9      if(year%4==0&&year%100!=0||year%400==0)
10     {
11         leap=1;
12     }
13     days=day;
14     for(i=1;i<month;i++)
15     {
16         days+=mtable[leap][i];
17     }
18     printf("Days=%d",days);
19     return 0;
20 }
```

由于闰年和平年的差别仅仅在于 2 月份的天数不同，所以，数组 mtable 中包含两行数据，分别存放着平年和闰年时每月的天数。程序中首先判断所给定的年号是不是闰年，当 leap=1 时，是闰年，当 leap=0 时，是平年。以 leap 作为行号，将 month 月份之前的每个月的天数加到一起，再加上 month 月中的天数 day，即为所要求的结果。

6.3　字 符 数 组

●视　频

字符数组

用来存放字符数据的数组是字符数组，同其他类型的数组一样，字符数组既可以是一维的，也可以是多维的。

6.3.1　字符串

在 C 语言中，字符串是用双引号括起来的字符序列。C 语言没有专门的字符串变量，一般来说，字符串是利用字符数组来存放的。C 语言规定以 '\0' 作为字符串结束标志，在处理字符串的过程中，一旦遇到字符 '\0' 就表示已经到达字符串的末尾。例如，"Happy" 共有六个字符，分别是 'H'、'a'、'p'、'p'、'y 和 '\0'（ASCII 的值为 0），其中前五个是字符串的有效字符，'\0' 是系统自动添加的结束符，"Happy" 在内存中占 6 字节，最后一个字节存放的 '\0' 是由系统自动加上的。

6.3.2　字符数组的定义和赋值

1. 字符数组的定义

字符数组的定义方法与前面介绍的数组定义方法类似。一般形式如下：

```
char    数组名 [ 常量表达式 ];
```

例如：

```
char c[5];
```

定义一个一维字符数组 c，共包含五个元素。

2. 字符数组的赋值

一个字符型变量只能存放一个字符。同样，字符数组中的每个元素也只能存放一个字符型数据。如给上面定义的 c 数组的第 0 号元素赋值，可以使用如下语句：

```
c[0]='1';
```

3. 字符数组的初始化

字符数组也可以在定义时为其元素赋初值。常见的初始化方式有以下几种：

（1）逐个字符赋给数组中的各个元素。例如：

```
char ch[5]={'H','e','l','l','o'};
```

为每个数组元素赋如下初值：

```
ch[0]='H',ch[1]='e',ch[2]='l',ch[3]='l',ch[4]='o'
```

花括号中提供的初值可以少于数组元素的个数，这时，将只为数组的前几个元素赋初值，其余元素将自动赋予空字符。如果初值个数多于数组元素的个数，则产生语法错误。例如：

```
char c[10]={ 'c',' ','p','r','o','g','r','a','m'};
```

赋值后数组 c 各元素的值为：

```
c[0]='c',c[1]=' ',c[2]='p',c[3]='r',c[4]='o',c[5]='g',c[6]='r',c[7]='a',c[8]='m'
```

其中c[9]未赋值，系统自动赋予'\0'值。

（2）当对全体元素赋初值时也可以省去长度说明，系统会自动根据初值个数确定数组长度。例如：

```
char c[ ]={'c',' ','p','r','o','g','r','a','m'};
```

这时c数组的长度自动定为9。

（3）C语言允许用一个字符串常量初始化一个字符数组，而不必使用一串单个字符。例如：

```
char ch[]={"Hello"};
```

其中，花括号可以省略，直接写成

```
char ch[]=" Hello";
```

经上述初始化后，ch数组中每个元素的初值如下：

```
ch[0]='H',ch[1]='e',ch[2]='l',ch[3]='l',ch[4]='o',ch[5]='\0'
```

注意：数组ch的长度不是5，而是6，因为字符串的末尾由系统加上一个'\0'。因此，上面的初始化语句等价于下面的语句：

```
char ch[]={'H','e','l','l','o','\0'};
```

6.3.3 字符数组的输入／输出

字符数组的输入/输出可以有以下三种方法：

（1）字符数组的输入/输出和其他数组一样可以单个元素输入/输出。此时采用"%c"格式符，每次输入/输出一个字符。例如：

```
char c[5];
int i;
for(i=0;i<5;i++)
{
    scanf("%c",&c[i]);
}
for(i=0;i<5;i++)
{
    printf("%c",c[i]);
}
```

如果字符数组用来存放字符串，则不必使用循环语句逐个输入/输出每个字符，可以用下面两种方式将整个字符串一次性输入/输出。

（2）采用"%s"格式符，每次输入/输出一个字符串。例如：

```
char ch[20];
scanf("%s",ch);
printf("%s",ch);
```

程序运行结果（注意：键盘输入不能超过20个字符）：

```
china↙
china
```

使用"%s"格式输入/输出字符串时，应注意以下几个问题：

① 在使用 scanf() 函数输入字符串时，"地址列表"部分应直接写字符数组的名字，而不再用取地址运算符 &。因为 C 语言规定，数组的名字代表该数组的起始地址。例如：

```
char str[10];
scanf("%s",str);
```

而不能写成

```
scanf("%s",&str);
```

② 用"%s"格式符输出字符串时，printf() 函数中的输出项是字符数组名，而不是数组元素名，写成下面的格式是错误的：

```
printf("%s",str[0]);
```

③ 利用格式符"%s"格式符输入的字符串不能接收空格，当用"%s"格式符输入字符串时，C 语言规定，scanf() 函数遇空格或回车就结束本次输入。

例 6.9　分析下面程序的运行结果。

```
1   #include <stdio.h>
2   int main()
3   {
4       char s1[3],s2[5];
5       scanf("%s%s",s1, s2);
6       printf("%s\n%s\n",s1,s2);
7       return 0;
8   }
```

程序运行结果：

```
ABC   DEF   HK↙
ABC
DEF
```

本程序分别设了两个数组，输入的一行字符的空格分段分别装入两个数组，然后分别输出这两个数组中的字符串。

数组 s1 中存储字符串 "ABC"，数组 s2 中存储字符串 "DEF"，输入字符串 "ABC　DEF　HK" 时，遇到第一个空格，则表示 s1 输入结束了。

④ 用"%s"格式符输出字符数组时，要确保字符数组中有 '\0' 结束字符，否则会出现乱码。例如：

```
char c[5]={'h','e','l','l','o'};
printf("%s",c);
```

由于字符数组 C 中没有 '\0' 结束字符，则用 printf("%s",c) 输出字符数组时，就会出现乱码。

⑤ 用"%s"格式符输入时，系统会自动在输入的字符后面添加 '\0' 结束字符。

（3）用字符串输入函数 gets() 和输出函数 puts() 实现输入和输出。

① 字符串输出函数 puts() 的格式为：

```
puts(字符数组名)
```

功能：将一个字符串（以 '\0' 结束的字符序列）输出到显示器，即在屏幕上显示该字符串。

例 6.10 分析下面程序的运行结果。

```
1   #include <stdio.h>
2   int main()
3   {
4       char c[]="BASIC";
5       puts(c);
6       return 0;
7   }
```

程序的运行结果：

```
BASIC
```

注意：用 puts() 函数输出字符数组时，要确保字符数组中有 '\0' 结束字符，否则会出现乱码。例如：

```
char c[5]={'h','e','l','l','o'};
puts(c);
```

由于字符数组 c 中没有 '\0' 结束字符，则用 puts(c) 输出字符数组时，就会有乱码出现。

② 字符串输入函数 gets() 的其格式为：

```
gets(字符数组名)
```

功能：从标准输入设备键盘上输入一个字符串，并把它们依次放到字符数组中。

例 6.11 分析下面程序的运行结果。

```
1   #include <stdio.h>
2   int main()
3   {
4       char st[30];
5       printf("input string:\n");
6       gets(st);
7       puts(st);
8       return 0;
9   }
```

程序运行结果：

```
input string:ABC  DEF  HK↙
ABC  DEF  HK
```

与 scanf() 函数不同，输入字符串中的空格也会被接收，gets() 函数并不以空格作为字符串输入结束的标志，而只以回车作为输入结束，这是与 scanf() 函数不同之处。和用 "%s" 格式符输入时类似，在用 gets() 函数输入字符串时，系统会自动在输入的字符后面添加 '\0' 结束字符。

例 6.12   从键盘输入一个字符串，统计其中字母、数字和其他字符的个数。

```
1   #include <stdio.h>
2   int main()
3   {
4       char c[100];
5       int nChar=0;                              // 存储字符个数
6       int nNum=0;                               // 存储数字个数
7       int nOther=0;                             // 存储其他字符个数
8       int i;
9       printf("请输入一个字符串，不超过 100 个字符 \n");
10      gets(c);
11      for(i=0; c[i]!='\0'; i++)
12      {
13          if(c[i]>='a'&&c[i]<='z'||c[i]>='A'&&c[i]<='Z')
14          {
15              nChar++;
16          }
17          else if(c[i]>='0'&&c[i]<='9')
18          {
19              nNum++;
20          }
21          else
22          {
23              nOther++;
24          }
25      }
26      printf("字母个数：%d，数字个数：%d，其他字符个数：%d\n",nChar,nNum,nOther);
27      return 0;
28  }
```

程序运行结果：

请输入一个字符串，不超过 100 个字符
ABC123DEF*&&gh ↙
字母个数：8，数字个数：3，其他字符个数：3

在程序的第 10 行，通过 gets() 函数从键盘输入一个字符串，存储到字符数组 c 中，第 11 行，遍历字符数组 c，并用字符串结束字符 '\0' 结束遍历，第 13～24 行，用选择结构，根据字母、数字的条件来求字母、数字、其他字符的个数。

6.3.4   常见字符串处理函数

C 语言提供了丰富的字符串处理函数，大致可分为字符串的输入、输出、合并、修改、比较、转换、复制、搜索几类。使用这些函数可大大减轻编程的负担。用于输入/输出的字符串函数，在使用前应包含头文件 "stdio.h"，使用其他字符串函数则应包含头文件 "string.h"。

下面介绍几个最常用的字符串函数。

1. strcmp() 函数

格式：

strcmp(字符数组名 1, 字符数组名 2)

视频
字符串处理
库函数

功能：按照ASCII码顺序比较两个数组中的字符串，并由函数返回值返回比较结果。

（1）符串1＝字符串2，返回值＝0；

（2）字符串1＞字符串2，返回值＞0；

（3）字符串1＜字符串2，返回值＜0。

例6.13　分析下列程序的结果。

```
1  #include <string.h>
2  #include <stdio.h>
3  int main()
4  {
5      int k;
6      static char st1[15],st2[]="ABCDE";
7      printf("input a string:\n");
8      gets(st1);
9      k=strcmp(st1,st2);
10     if(k==0) printf("st1=st2\n");
11     if(k>0) printf("st1>st2\n");
12     if(k<0) printf("st1<st2\n");
13     return 0;
14 }
```

程序运行结果：

```
input a string:
ABs↙
st1>st2
```

本程序中把输入的字符串和数组st2中的串比较，比较结果返回到k中，根据k值再输出结果提示串。当输入为ABs时，由于ABs的第三个字符s的ASCII码值比ABCDE的第三个字符C值大，所以k>0，输出结果st1>st2。

2. strcat() 函数

格式：

```
strcat(字符数组名1,字符数组名2)
```

功能：把字符数组2中的字符串连接到字符数组1 中字符串的后面，并删去字符串1后的 '\0' 结束字符。本函数返回值是字符数组1的首地址。

例6.14　分析下列程序的结果。

```
1  #include <string.h>
2  #include <stdio.h>
3  int main()
4  {
5      char st1[30]="My name is ";
6      int st2[20];
7      printf("input your name:\n");
8      gets(st2);
9      strcat(st1,st2);
10     puts(st1);
```

```
11      return 0;
12  }
```

程序运行结果：

```
input your name
xiaohong↙
My name is xiaohong
```

在程序的第 8 行，通过 gets() 函数输入一个字符串到字符数组 st2 中，在程序的第 9 行，把字符串 st2 连接到 st1 中。

注意：

字符数组 1 应定义足够的长度，否则不能全部装入被连接的字符串。

3. strcpy() 函数

格式：

```
strcpy(字符数组名 1, 字符数组名 2)
```

功能： 把字符数组 2 中的字符串复制到字符数组 1 中。结束字符'\0'也一同复制。字符数组 2 也可以是一个字符串常量，这时相当于把一个字符串赋予一个字符数组。本函数要求字符数组 1 应有足够的长度，否则不能全部装入所复制的字符串。

例 6.15 分析下列程序的结果。

```
1  #include <string.h>
2  #include <stdio.h>
3  int main()
4  {
5      char st1[15],st2[]="C language";
6      strcpy(st1,st2);
7      puts(st1);
8      printf("\n");
9      return 0;
10 }
```

程序运行结果：

```
C language
```

4. strlen() 函数

格式：

```
strlen(字符数组名)
```

功能： 测字符串的实际长度（不含字符串结束字符'\0'）并作为函数返回值。

例 6.16 分析下列程序的结果。

```
1  #include <string.h>
2  #include <stdio.h>
3  int main()
4  {
5      int k;
```

```
6       char st[]="C language";
7       k=strlen(st);
8       printf("The length of the string is %d\n",k);
9       return 0;
10  }
```

程序运行结果：

```
The length of the string is 10
```

6.3.5　二维字符数组

一个字符串可以放在一个一维数组中。如果有若干个字符串，可以用一个二维数组来存放它们。二维数组可以认为是由若干个一维数组组成的，因此一个 $n \times m$ 的二维字符数组可以存放 n 个字符串，每个字符串最大长度为 m-1（留一个位置存放 '\0' 结束字符）。例如：

```
char week[7][4]={"SUN","MON","TUE","WED","THU","FRI","SAT"};
```

定义了一个二维字符数组 week。每一行都是一个字符串。如果要输出 "MON" 字符串，可使用 printf("%s",name[1]) 语句，其中 name[1] 是字符串 "MON" 的起始地址，也就是二维数组第 1 行的起始地址（行数从 0 算起）。

例 6.17　输入五个国家的名称按字母顺序排列输出。

编程思路：五个国家名应由一个二维字符数组处理。然而 C 语言规定可以把一个二维数组当成多个一维数组处理。因此本题又可以按五个一维数组处理，而每个一维数组就是一个国家名字符串。用字符串比较函数比较各一维数组的大小并排序，输出结果即可。

```
1   #include <stdio.h>
2   #include <string.h>
3   int main()
4   {
5       char a[100][20],t[10];
6       int i,j,n;
7       printf("How many  countries:");
8       scanf("%d",&n);
9       printf("input their name:\n");
10      for(i=0;i<n;i++)
11      {
12          flushall();
13          gets(a[i]);
14      }
15      for(i=1;i<n;i++)
16      {
17          for(j=0;j<n-i;j++)
18          if(strcmp(a[j],a[j+1])<0)
19          {
20              strcpy(t,a[j]);
21              strcpy(a[j],a[j+1]);
22              strcpy(a[j+1],t);
23          }
24      }
```

```
25        printf("Sorted results:\n");
26        for(i=0;i<n;i++)
27        {
28              puts(a[i]);
29        }
30        return 0;
31   }
```

程序运行结果：

```
How many  countries:
5↙
input their name:
America ↙
England↙
Australia ↙
Sweden ↙
Finland↙
Sorted results:
America
Australia
England
Finland
Sweden
```

本程序第 10～13 行的 for 语句中，用 gets() 函数输入五个国家名字符串。上面说过 C 语言允许把一个二维数组按多个一维数组处理，本程序说明 a 为二维字符数组，可分为五个一维数组 a[0]，a[1]，a[2]，a[3]，a[4]。因此，在 gets() 函数中使用 a[i] 是合法的。在第 15～24 行 for 语句中对 5 个字符串用冒泡排序，这个双重循环完成按字母顺序排序的工作。在第 26～29 行，用 puts() 函数，输出排序后的 5 个字符串。

习　　题

一、选择题

1. 下列数组定义方式不正确的语句是（　　　）。

   A.　char x[5];　　　　　　　　　　　　B.　char y[]={'h','e','l','l','o'};

   C.　int x[6]={12,13,14,15};　　　　　　D.　int y[];

2. 若有以下定义：int a[5]={ 1, 2, 3, 4, 5 };，表达式 a[a[3]] 的值是（　　　）。

   A.　5　　　　　　　B.　4　　　　　　　C. 3　　　　　　　D. 2

3. 若有以下说明：

```
int a[12]={1,2,3,4,5,6,7,8,9,10,11,12};
char c='a',d,g;
```

则数值为 4 的表达式是（　　　）。

   A.　a[g−c]　　　　　B.　a[4]　　　　　C.　a['d'−'c']　　　　D.　a['d'−c]

4. 以下关于数组的描述正确的是（　　　）。

  A. 数组的大小是固定的，但可以有不同类型的数组元素

  B. 数组的大小是可变的，但所有数组元素的类型必须相同

  C. 数组的大小是固定的，所有数组元素的类型必须相同

  D. 数组的大小是可变的，可以有不同类型的数组元素

5. 以下对一维数组 m 进行正确初始化的是（　　　）。

  A. int m[10]=(0,0,0,0);   B. int m[10]={};

  C. int m[ ]={0};   D. int m[10]=(10*2);

6. 若有说明：int a[10];，则对 a 数组元素的正确引用是（　　　）。

  A. a[10]   B. a[3.5]   C. a(5)   D. a[10−10]

7. 以下程序的输出结果是（　　　）。

```
main( )
{
    int i,a[10];
    for(i=9;i>=0;i--)
        a[i]=10-i;
    printf("%d %d %d",a[2],a[5],a[8]);
}
```

  A. 2 5 8   B. 7 4 1   C. 8 5 2   D. 3 6 9

8. 若有以下定义：int t[5][4];，能正确引用 t 数组的表达式是（　　　）。

  A. t[2][4]   B. t[5][0]   C. t[0][0]   D. t[0,0]

9. 假定一个 int 型变量占用 4 字节，若有定义：int x[10][5]={{0,2,4},{1,1}};，则数组 x 在内存中所占字节数是（　　　）。

  A. 10   B. 100   C. 20   D. 200

10. 有以下程序

```
main()
{   int x[3][2]={0},i;
    for(i=0;i<3;i++) scanf("%d",x[i]);
    printf("%3d,3d,%d\n",x[0][0],x[0][1],x[1][0]);
}
```

  若运行时输入：2<回车>4<回车>6<回车>，则输出结果为（　　　）。

  A. 2,0,0   B. 2,0,4   C. 2,4,0   D. 2,4,6

11. 有以下程序段，程序运行后的输出结果是（　　　）。

```
char p[]={'a','b','c'}, q[]="abc";
printf("%d %d\n",sizeof(p),sizeof(q));
```

  A. 4 4   B. 3 3   C. 3 4   D. 4 3

12. 若有定义：char a[ ][3]={'a', 'a', 'a', 'b', 'b', 'b', 'c', 'c', 'c'};，则 a 数组的行数为（　　　）。

  A. 3   B. 2   C. 无确定值   D. 1

13. 设有定义：char array [ ]="China";，则数组 array 所占的空间为（　　　）字节。

    A. 4　　　　　　　B. 5　　　　　　　C. 6　　　　　　　D. 7

14. 有定义语句：char s[10];，若要从终端给 s 输入 5 个字符，错误的输入语句是（　　　）。

    A. gets(&s[0]);　　B. scanf("%s",s);　　C. gets(s);　　　　D. scanf("%s",s[0]);

15. 以下对数组的初始化错误的是（　　　）。

    A. int a[5] = {1,0,1};　　　　　　　　B. int b[][3] = {{3,2,1},{0,1,0}};

    C. int c[2][4] = {{0,2},{3}};　　　　　D. char str[4] = {"w", "e", "i", "j"};

二、编程题

1. 对 10 个数组元素依次赋值为 0，1，2，3，4，5，6，7，8，9，要求按逆序输出，输出结果为：9，8，7，6，5，4，3，2，1，0。

2. 不调用库函数，在 main() 函数中实现求字符串实际长度，并输出。

3. 通过键盘给一维整型数组 a[10] 中的各个元素赋值，求出平均值，并统计出小于平均值的元素个数。

4. 在 main() 函数中实现：求二维整型数组 a[5][5] 的数组元素中的最大值所在位置（行标和列标是多少）及最大值是多少。

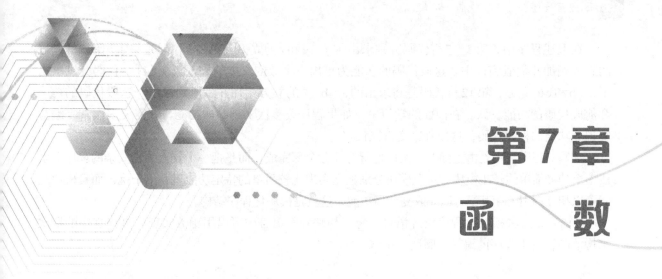

第7章

函　数

在前面章节中已经介绍过C语言源程序是由函数组成的。虽然在前面各章的程序中大都只有一个主函数（main()函数），但实用程序往往由多个函数组成。函数是C源程序的基本模块，通过对函数模块的调用实现特定的功能。C语言中的函数相当于其他高级语言的子程序。C语言不仅提供了极为丰富的库函数，还允许用户建立自己定义的函数。用户可把自己的算法编成一个个相对独立的函数，每个函数能够实现特定功能，然后通过调用各种函数实现相应功能。可以说，C程序的全部工作都是由各式各样的函数完成的，所以也把C语言称为函数式语言。

7.1　函数及其作用

函数是用于完成特定任务的程序代码的自包含单元。尽管C语言中的函数和其他语言中的函数、子程序或子过程等扮演着相同的角色，但是在细节上有所不同。某些函数会执行某些动作，比如printf()函数可使数据呈现在屏幕上；还有一些函数能返回一个值供其他函数或程序使用，如strlen()函数将指定字符串的长度传递给程序。一般来讲，一个函数可同时具备以上两种功能。

视　频

函数的作用

使用函数有什么作用呢？先分析以下程序：

例 7.1　函数的作用。

```
1   int main()
2   {
3       int x=1,y=1,z=3;
4       int a=4,b=5,c=7;
5       x=x*x*x;
6       y=y*y*y;
7       z=z*z*z;
8       r1=x+y+z;
9       a=a*a*a;
10      b=b*b*b;
11      c=c*c*c;
12      r2=a+b+c;
13      return 0;
14  }
```

在上述程序中，第5~7行代码分别求出了x、y和z的立方，第8行代码是将求出的x、y、z的立方相加并赋值到r1中，这段代码的功能为求出三个数的立方的和。第9~11行代码分别求出了a、b和c的立方，第12行代码是将求出的a、b、c的立方相加并赋值到r2中。这段代码的功能和前段代码的功能一致。在前面的学习中，如果程序要多次实现某一功能，就需要多次重复编写实现此功能的程序代码，这使程序变得冗长。

编写C程序并不是由主函数一次性把所有任务全部完成，而是把一个较大的、复杂的程序分解成多个功能简单的较小模块，每个模块分别独立实现比较简单的特定功能，互不干扰，而且模块之间可以相互调用、相互配合以完成复杂的功能，这就是模块化程序结构。

C语言是一种模块化程序设计语言，每个模块在C语言中可以用函数实现。这样程序的层次结构清晰，便于程序的编写、阅读、调试。

7.2 函数的分类

在C语言中可从不同的角度对函数进行分类。

视频

函数的分类

1. 从函数定义的角度分类

（1）库函数：由 C 系统提供，用户无须定义，也不必在程序中作类型说明，只需在程序前包含有该函数原型的头文件即可在程序中直接调用。在前面各章的例题中反复用到printf()、scanf()、getchar()、putchar()、gets()、puts()、strcat()等函数均属此类。在C语言中，比较常用的库函数还有下面几种。

① 字符类型分类函数：用于对字符按ASCII码分类：字母、数字、控制字符、分隔符、大小写字母等。

② 转换函数：用于字符或字符串的转换；在字符量和各类数字量（如整型、实型等）之间进行转换；在大、小写之间进行转换。

③ 目录路径函数：用于文件目录和路径操作。

④ 诊断函数：用于内部错误检测。

⑤ 图形函数：用于屏幕管理和各种图形功能。

⑥ 输入/输出函数：用于完成输入/输出功能。

⑦ 接口函数：用于与DOS、BIOS和硬件的接口。

⑧ 字符串函数：用于字符串操作和处理。

⑨ 内存管理函数：用于内存管理。

⑩ 数学函数：用于数学函数计算。

⑪ 日期和时间函数：用于日期、时间转换操作。

⑫ 进程控制函数：用于进程管理和控制。

⑬ 其他函数：用于其他各种功能。

（2）用户自定义函数：由用户按需要编写的函数。对于用户自定义函数，不仅要在程序中定义函数本身，而且在主调函数模块中还必须对该被调函数进行类型说明，然后才能使用。

2. 按功能分类

（1）有返回值函数：此类函数被调用执行完后将向调用者返回一个执行结果，称为函数返回值。如数学函数即属于此类函数。由用户定义的这种要返回函数值的函数，必须在函数定义和函数说明中明确返回值的类型。

（2）无返回值函数：此类函数用于完成某项特定的处理任务，执行完成后不向调用者返回函数值。这类函数类似于其他语言的过程。由于函数无须返回值，用户在定义此类函数时可指定其返回为"空类型"，空类型的说明符为void。

3. 从主调函数和被调函数之间数据传送的角度分类

（1）无参函数：函数定义、函数说明及函数调用中均不带参数。主调函数和被调函数之间不进行参数传送。此类函数通常用来完成一组指定的功能，可以返回或不返回函数值。

（2）有参函数：又称带参函数。在函数定义及函数说明时都有参数，称为形式参数（简称形参）。在函数调用时也必须给出参数，称为实际参数（简称实参）。进行函数调用时，主调函数将把实参的值传送给形参，供被调函数使用。

main()函数是主函数，它可以调用其他函数，而不允许被其他函数调用。因此，C程序的执行总是从main()函数开始，完成对其他函数的调用后再返回到main()函数，最后由main()函数结束整个程序。一个C源程序必须有，也只能有一个主函数main()。

例 7.2 通过调用库函数求出 1 ~ 10 的平方根和立方并输出。

```
1  #include <stdio.h>
2  #include <math.h>
3  int main()
4  {
5      int x=1;
6      double r1,r2;
7      while(x<=10)
8      {
9          r1=sqrt(x);
10         r2=pow(x,3);
11         printf(" %d的平方根:%3.2f\t  %d的立方:%5.0f \n",x,r1,x,r2);
12         x++;
13     }
14     return 0;
15 }
```

程序运行结果：

```
1的平方根:1.00   1的立方:     1
2的平方根:1.41   2的立方:     8
3的平方根:1.73   3的立方:    27
4的平方根:2.00   4的立方:    64
5的平方根:2.24   5的立方:   125
6的平方根:2.45   6的立方:   216
7的平方根:2.65   7的立方:   343
8的平方根:2.83   8的立方:   512
9的平方根:3.00   9的立方:   729
```

```
10 的平方根 :3.16  10 的立方 : 1000
```

例 7.2 中涉及的函数及说明见表 7.1。

表 7.1   sqrt() 和 pow() 函数

函 数 名	函 数 格 式	功　　能	返 回 值
sqrt	double sqrt(double x) ;	计算 x 的平方根	计算结果
pow	double pow(double x,double y) ;	计算 x^y 的值	计算结果

由于上述程序中需要使用 sqrt() 和 pow() 两个库函数，分别用于求出平方根和立方，所以需要包含 math.h 头文件。使用库函数 sqrt() 求平方根时，需要注意 x 是参数并将计算结果返回至变量 r1 中保存。使用库函数 pow() 求立方时，pow 函数里有两个参数，第一个参数为底，第二个参数为幂，将计算结果返回至变量 r2 中保存。

7.3   函数的定义

7.3.1   函数定义的一般形式

视 频

函数的定义

1. 无参函数的定义形式

```
类型标识符 函数名()
{
    声明部分 ;
    语句 ;
}
```

其中，类型标识符和函数名为函数头。类型标识符指明了函数的类型，函数的类型实际上是函数返回值的类型。该类型标识符与前面介绍的各种说明符相同。函数名是由用户定义的标识符，函数名后有一个空括号，其中无参数，但括号不可少。

{} 中的内容称为函数体。在函数体的声明部分，是对函数体内部所用到变量的类型说明。

在有些情况下不要求函数有返回值，此时函数类型符可以写为 void。

没有返回值的函数定义如下所示：

```
void fun()
{
    printf("Hello world \n");
}
```

fun() 函数是一个无参函数，当被其他函数调用时，输出 Hello world 字符串。

2. 有参函数定义的一般形式

```
类型标识符 函数名( 形式参数列表 )
{
    声明部分 ;
    语句 ;
}
```

有参函数比无参函数多了形式参数列表，简称形参表。在形参表中给出的参数称为形式参数，简称形参，它们可以是各种类型的变量，各参数之间用逗号间隔。在进行函数调用时，主调函数将赋予这些形式参数实际的值。形参既然是变量，必须在形参表中给出形参的类型说明。

例如，定义一个函数，用于求两个数中的大数，可写为：

```
int max(int a, int b)
{
    return a>b?a:b;
}
```

第一行说明max()函数是一个整型函数，其返回的函数值是一个整数。形参为a、b，均为整型量。a、b的具体值由主调函数在调用时传送过来。在{}中的函数体内，除形参外没有使用其他变量，因此只有语句而没有声明部分。max()函数体的return语句是把a（或b）的值作为函数的值返回给主调函数。有返回值函数中至少应有一个return语句。

例 7.3 从键盘输入两个整数，通过函数调用求两个整数中较大的数，并输出。

```
1  #include <stdio.h>
2  int max(int a,int b)
3  {
4      return a>b?a:b;
5  }
6  int main()
7  {
8      int x,y,z;
9      printf("Input two numbers:\n");
10     scanf("%d%d",&x,&y);
11     z=max(x,y);
12     printf("Max num=%d\n",z);
13     return 0;
14 }
```

程序运行结果：

```
Input two numbers:
5  3
Max num=5
```

程序的第2～5行为max()函数定义。进入主函数后，程序第11行为调用max()函数，并把x、y中的值传送给max的形参a、b。max()函数执行的结果（a或b）将返回给变量z。最后由主函数输出z的值。

7.3.2　函数的参数

函数的参数分为形式参数和实际参数两种，简称形参和实参，其作用是实现数据的传递。

形参出现在函数定义中，在整个函数体内都可以使用，离开该函数则不能使用。实参出现在主调函数中，进入被调函数后，实参变量也不能使用。形参和实参的功能是作数据传递。发生函数调用时，主调函数把实参的值传送给被调函数的形参从而实现主调函数向被调函数的数据传递。

函数的形参和实参具有以下特点：

（1）形参变量只有在被调用时才分配内存单元，在调用结束时，即刻释放所分配的内存单元。因此，形参只有在函数内部有效。函数调用结束返回主调函数后则不能再使用该形参变量。

（2）实参可以是常量、变量、表达式、函数等，无论实参是何种类型的量，在进行函数调用时，它们都必须具有确定的值，以便把这些值传送给形参。

（3）实参和形参在数量上、类型上、顺序上应严格一致，否则会发生类型不匹配的错误。

（4）函数调用中发生的数据传送是单向的。即只能把实参的值传送给形参，而不能把形参的值反向地传送给实参。因此在函数调用过程中，形参的值发生改变，而实参中的值不会变化。

例7.4 实参与形参的数据传递。

```
1  #include <stdio.h>
2  void s(int n)                              /* 自定义函数 */
3  {
4      int i;
5      printf("自定义函数 s 中，形参 n 的值开始是：%d\n",n);
6      for(i=n-1;i>=1;i--)
7          n=n+i;
8      printf("自定义函数 s 中，形参 n 的值后来是：%d\n",n);
9  }
10 int main()                                 /* 主函数 */
11 {
12     int x=100;
13     printf("调用自定义函数 s 前，实参 x 的值是：%d\n",x);
14     s(x);                                  /* 主函数中调用自定义函数 s*/
15     printf("调用自定义函数 s 后，实参 x 的值是：%d\n",x);
16     return 0;
17 }
```

程序运行结果：

```
调用自定义函数 s 前，实参 x 的值是：100
自定义函数 s 中，形参 n 的值开始是：100
自定义函数 s 中，形参 n 的值后来是：5050
调用自定义函数 s 后，实参 x 的值是：100
```

本程序中定义了一个自定义函数s()，该函数的功能是求$\sum_{i=1}^{n}i$的值。在主函数中x作为实参，在调用时传送给s()函数的形参量n。在主函数中调用自定义函数s()前，用printf语句输出x值，这个x值是实参x的值，x的值为100。在自定义函数s中用printf语句输出了形式参数n的值，n的值是从实参x传递过来的，故n的值也为100。在执行函数过程中，形参n的值变为5050。执行完自定义函数s()后，返回到主函数中，继续执行s(x);后面的printf语句，输出实际参数x值，x的值仍为100，由此可见实参的值不随形参的变化而变化。

7.3.3 函数的返回值与 return 语句

一般情况下，总是希望通过函数调用获得一个确定的结果，这就是函数的返回值。函数的返回值是通过函数中的return语句获得的，return语句的功能是从被调函数返回主调函数，并将"返回值表达式"的值返回给主调函数。

　　return 语句的一般形式为：

```
return 表达式；
```

或者

```
return( 表达式 )；
```

　　该语句的功能是计算表达式的值，并返回给主调函数。例如，x 是一个整型变量，其值为 10，那么 return x; 返回给主调函数的值是 10，return x*x; 返回值为 100。

　　如果所定义的函数没有或不需要返回值，函数的返回值类型说明符应指定为 void（空类型）。当函数返回值类型是 void 型时，在函数定义时，函数体的最后一条语句不必是 return 语句。当函数被调用执行时，在执行完函数体最后一条语句后，就自然结束了函数的执行。如果非要写上 return 语句，那么 return 语句应当是最后一条语句，并且不返回任何数据，例如：

```
return；
```

例 7.5　函数的返回值。

```
1   #include <stdio.h>
2   int max1(int a,int b)
3   {
4       if(a>b)
5           return a;                           /*max1 函数中有三个 return 语句 */
6       else if(a<b)
7           return b;
8       else
9           return 0;
10  }
11  int max2(float x,float y)                   /*max2() 函数类型为 int*/
12  {
13      return x>y?x:y;
14  }
15  void printstar()                            /* printstar() 函数类型为 void */
16  {
17      printf("**************\n");
18      return;                                 /* return 语句有无均可 */
19  }
20  int main()
21  {
22      int p=3,q=5;
23      float t=1.5,w=3.5;
24      int r1=0,r2=0;
25      printstar();                            /*调用 printstar() 函数 */
26      r1=max1(p,q);                           /*调用 max1() 函数 */
27      printf("max is %d\n",r1);
28      printstar();
29      r2=max2(t,w);                           /*调用 max2() 函数 */
30      printf("max is %d\n",r2);
31      printstar();
```

```
32      return 0;
33   }
```

程序运行结果：

```
* * * * * * * * * * * * * *
max is 5
* * * * * * * * * * * * * *
max is 3
* * * * * * * * * * * * * *
```

说明：

（1）在函数中允许有多个return 语句，但每次调用只能有一个return 语句被执行，因此只能返回一个函数值。

（2）函数值的类型和函数定义中函数的类型应保持一致。如果两者不一致，则以函数类型为准，自动进行类型转换，但是不提倡这样的做法，原因之一是这种做法往往使得程序不清晰，可读性降低，容易带来隐患；原因之二是并不是所有类型都可以互相转换（如实型和字符型之间）。

（3）为了使程序有良好可读性并减少出错，凡不要求返回值的函数都应定义为空类型。

7.4　函 数 调 用

7.4.1　函数调用的一般形式

● 视 频

函数的调用

当程序通过对函数的调用来执行函数体时，其过程与其他语言的子程序调用过程相似。C语言中，函数调用的一般形式为：

函数名(实际参数表)

对无参函数调用时则无实际参数表。实际参数表中的参数可以是常数、变量或其他构造类型数据及表达式，各实参之间用逗号分隔。

7.4.2　函数调用方式

在C语言中，可以用以下几种方法调用函数：

（1）函数表达式：函数作为一项出现在表达式中，以函数返回值参与表达式的运算。这种方式要求函数有返回值。例如，z=max(x,y);是一个赋值表达式，把max 的返回值赋予变量z。

（2）函数语句：函数调用的一般形式加上分号即构成函数语句。例如，printf ("%d",a);和scanf("%d",&b);都是以函数语句的方式调用函数。

（3）函数实参：函数作为另一个函数调用的实际参数出现。这种情况是把该函数的返回值作为实参进行传送，因此要求该函数必须是有返回值的。例如，printf("%d",max(x,y));语句即把max()函数调用的返回值作为printf()函数的实参来使用。在函数调用中还应该注意求值顺序的问题。所谓求值顺序是指对实参表中各量是自左至右使用，还是自右至左使用。对此问题，各系统的规定不一定相同。介绍printf()函数时已提到过，这里从函数调用的角度再强调一下。

例 7.6　实参求值问题。

```c
#include <stdio.h>
int fun(int a,int b)
{
    int c;
    if(a>b)
        c=1;
    if(a==b)
        c=0;
    if(a<b)
        c=-1;
    return c;
}
int main()
{
    int i=2,m;
    m=fun(i,i++);
    printf("%d\n",m);
    return 0;
}
```

在 VS 2015 环境下程序运行结果：

```
0
```

在 VS 2015 环境下的求值顺序是自左至右，所以运行结果为 0。但在 Turbo C 中的求值顺序是自右至左，运行结果为 1，具体输出结果可以参考编译器的参数传递约定。在实际使用中，应当尽量避免这种由于编译器不同而导致运行结果不同的写法。

关于函数调用，还需要注意以下两点：

（1）调用函数时的函数名称必须与具有该功能的被调用函数的函数名称完全一致。

（2）在实际参数表中，实参的个数、类型和顺序应该与被调用函数所要求的形参个数相同、类型匹配、顺序一致，才能正确进行数据传递。

7.4.3　函数的声明

在主调函数中调用某函数之前应对该被调函数进行声明（说明），这与使用变量之前要先进行变量说明是一样的。在主调函数中对被调函数进行声明的目的是使编译系统知道被调函数的参数类型和返回值的类型，以便在主调函数中按此种类型对参数及返回值进行相应处理。

其一般形式为：

类型说明符　被调函数名(类型　形参,类型　形参…);

或者

类型说明符　被调函数名(类型,类型…);

括号内给出了形参的类型和形参名，或只给出形参类型。这便于编译系统进行检错，以防止可能出现的错误。

例7.3中如需对max()函数进行声明，可写为：

```
int max(int a,int b);
```

或写为：

```
int max(int,int);
```

C语言中规定，在以下几种情况时可以省去被调函数的函数声明。

（1）当被调函数的函数定义出现在主调函数之前时，在主调函数中可以不对被调函数再进行声明而直接调用。如例7.3中，函数max()的定义放在main()函数之前，因此可在main()函数中省去对max()函数的函数声明，即int max(int a,int b);。

（2）如在所有函数定义之前在函数外预先说明了各个函数的类型，则在以后的各主调函数中，可不再对被调函数进行声明。

（3）对库函数的调用不需要再进行声明，但必须把该函数的头文件用includc命令包含在源文件前部。

例 7.7 函数声明举例。

```
1   int main()
2   {
3       float add(float,float);                    /* 函数声明 */
4       float a,b,c;
5       scanf("%f,%f",&a,&b);
6       c=add(a,b);
7       printf("sum is %f",c);
8       return 0;
9   }
10  float add(float x,float y)                     /* 函数定义 */
11  {
12      float z;
13      z=x+y;
14      return(z);
15  }
```

以上程序中，add()函数的定义在main()函数之后，所以在main()函数中调用add()函数前需要对该函数进行声明。

从上述例子中可以看出函数声明和函数定义的区别：

（1）函数的声明不需要函数体，函数的定义是一个完整的函数单元，包含函数类型、函数名、形参及形参类型、函数体等。

（2）函数的声明是一个说明语句，必须以分号结束；函数定义时不能以分号结束。

（3）一个函数可以声明多次，但只能定义一次。

7.5 函数的嵌套调用

C语言中不允许做嵌套的函数定义。因此各函数之间是平行的，不存在上一级函数和

视 频

函数嵌套调用
和递归调用

下一级函数的问题。但是 C 语言允许在一个函数的定义中出现对另一个函数的调用。这样就出现了函数的嵌套调用。即在被调函数中又调用其他函数。这与其他语言的子程序嵌套的情形是类似的。

例 7.8　函数嵌套调用。

```
1  #include <stdio.h>
2  void fa()
3  {
4      printf("fa 函数被调用 !\n");
5  }
6  void fb()
7  {
8      printf("fb 函数被调用 !\n");
9      fa();
10 }
11 int main()
12 {
13     printf(" 主函数开始 !\n");
14     fb();
15     printf(" 主函数结束 !\n");
16     return 0;
17 }
```

程序运行结果：

```
主函数开始 !
fb() 函数被调用 !
fa() 函数被调用 !
主函数结束 !
```

本程序的函数调用关系如图 7.1 所示。表示了两层嵌套的情形。执行过程：首先程序从 main() 函数开始执行，执行到调用 fb() 函数时，程序跳转到 fb() 函数并开始执行 fb() 函数中的语句，在 fb() 函数中执行到调用 fa() 函数时，程序跳转到 fa() 函数并开始执行 fa() 函数中的语句直至 fa() 函数结束，fa() 函数结束后程序返回至 fb() 函数中继续执行，直至 fb() 函数执行结束并返回至 main() 函数继续执行，最后 main() 函数执行结束，程序退出。

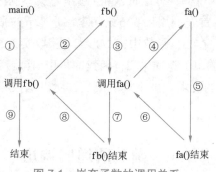

图 7.1　嵌套函数的调用关系

例 7.9　编程计算 $s=2^2!+3^2!$。

本题可编写两个函数，一个是用来计算平方值的函数 f1()，另一个是用来计算阶乘值的函数

f2()。主函数先调用f1()函数计算出平方值，再在f1()中以平方值为实参，调用f2()函数计算其阶乘值，然后返回到f1()函数，再返回到主函数，在循环程序中计算累加和。

```c
#include <stdio.h>
long f1(int p)
{
    int k;
    long r;
    long f2(int);
    k=p*p;
    r=f2(k);
    return r;
}
long f2(int q)
{
    long c=1;
    int i;
    for(i=1;i<=q;i++)
        c=c*i;
    return c;
}
int main()
{
    int i;
    long s=0;
    for(i=2;i<=3;i++)
        s=s+f1(i);
    printf("s=%ld\n",s);
    return 0;
}
```

程序运行结果：

s=362904

在程序中，函数f1()和f2()均为长整型，都在主函数之前定义，故不必再在主函数中对f1()和f2()加以说明。在主函数中，执行循环程序依次把i值作为实参调用f1()函数求i^2！值。在f1()函数中形参p获取了实参i的值，首先利用k=p*p语句求出形参p的平方，然后调用f2()函数，这时是把k的值作为实参调用f2()，在f2()函数中完成形参q获取实参k的值进行阶乘的计算。f2()函数执行完毕把c的值（即求出的q!）返回给f1()函数，再由f1()函数返回主函数实现累加。至此，由函数的嵌套调用实现了题目的要求。由于数值很大，所以函数和一些变量的类型都说明为长整型，否则会造成计算错误。

7.6　函数的递归调用

一个函数在其函数体内调用其自身称为递归调用。这种函数称为递归函数。C语言允许函数的递归调用。在递归调用中，主调函数又是被调函数。执行递归函数将反复调用其自身，每调用一次就进入新的一层。

例如，f() 函数的递归调用如下：

```
int f(int x)
{
    int y;
    z=f(y);
    return z;
}
```

程序执行过程如图 7.2 所示。

本例中，f() 函数是一个递归函数，f() 函数将无休止地调用其自身。

上个例子是函数在其函数体内直接调用其自身形成了递归调用。如果一个函数间接调用自身也能形成递归调用，如下例所示：

```
int  f1(int x)
{
    int y,z;
    z=f2(y);
    return z;
}
int  f2(int t)
{
    int a,c;
    c=f1(a);
    return c;
}
```

程序执行过程如图 7.3 所示。

图 7.2　f() 函数直接调用自身

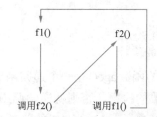

图 7.3　f1() 函数间接调用自身

在本例中 f1() 函数调用 f2() 函数，f2() 函数体内又调用了 f1() 函数，这样形成了 f1() 函数间接调用它自身，形成了递归调用。

以上两个例子中函数直接或间接调用了自身，程序会无终止地进行，这当然是不正确的。为了防止递归调用无终止地进行，必须在函数内有终止递归调用的手段。常用的办法是加条件判断，满足某种条件后就不再作递归调用，然后逐层返回。

下面举例说明递归调用的执行过程。

例 7.10　有 5 个人在一起，探讨年龄问题。问第 5 个人多少岁？他说比第 4 个人大 2 岁。问第 4 个人岁数，他说比第 3 个人大 2 岁。问第 3 个人，又说比第 2 个人大 2 岁。问第 2 个人，说比第 1 个人大 2 岁。最后问第 1 个人，他说是 10 岁。请问第 5 个人多大？

根据题意，可以分析出如下公式：

```
age(5)=age(4)+2
age(4)=age(3)+2
age(3)=age(2)+2
age(2)=age(1)+2
age(1)=10
```

将上述公式进一步简化可得：

$$age(n)=\begin{cases} 10 & (n=1) \\ age(n-1)+2 & (1<n\leqslant5) \end{cases}$$

按公式可编程如下：

```
1   #include <stdio.h>
2   int age(int n)
3   {
4       int c;
5       if(n==1)
6           c=10;
7       else
8           c=age(n-1)+2;
9       return c;
10  }
11  int main()
12  {
13      int result=age(5);
14      printf(" 第 5 个人的年龄是 %d 岁 \n",result);
15      return 0;
16  }
```

程序运行结果：

第 5 个人的年龄是 18 岁

程序中给出的函数age()是一个递归函数。主函数调用age()函数后进入age()函数执行，如果n=1时将结束函数的执行，否则就递归调用age()函数自身。由于每次递归调用的实参为n-1，即把n-1的值赋予形参n，最后当n-1的值为1时再作递归调用，形参n的值也为1，将使递归终止，然后逐层退回，得到最终结果。

例 7.11 用递归法计算 n!。

用递归法计算n!可用下述公式表示：

$$n!=\begin{cases} 1 & (n=0,1) \\ n\times(n-1) & (n>1) \end{cases}$$

按公式可编程如下：

```
1   #include <stdio.h>
2   long ff(int n)
```

```
 3  {
 4      long f;
 5      if(n<0)
 6          printf("n<0,input error");
 7      else if(n==0||n==1)
 8          f=1;
 9      else
10          f=ff(n-1)*n;
11      return f;
12  }
13  int main()
14  {
15      int n;
16      long y;
17      printf("input an integer number:\n");
18      scanf("%d",&n);
19      y=ff(n);
20      printf("%d!=%ld\n",n,y);
21      return 0;
22  }
```

程序运行结果：

```
input an integer number:
5
5!=120
```

假设执行本程序时输入为 5，即求 5!。在主函数中执行 y=ff(5); 语句，进入 ff() 函数后，由于 n=5，不等于 0 或 1，故应执行 f=ff(n-1)*n; 语句，即 f=ff(5-1)*5。该语句对 ff 作递归调用即 ff(4)。

进行 4 次递归调用后，ff() 函数形参取得的值变为 1，故不再继续递归调用而开始逐层返回主调函数。ff(1) 的函数返回值为 1，ff(2) 的返回值为 1*2=2，ff(3) 的返回值为 2*3=6，ff(4) 的返回值为 6*4=24，最后返回值 ff(5) 为 24*5=120。

通过上述两个例子的实现，总结递归调用的编程思路：

（1）确定问题规模的参数。需要用递归算法解决的问题，其规模通常都是比较大的，找出问题中决定问题规模大小的量。例如，例 7.10 中 5 个人就是问题的规模参数。

（2）分析问题的边界条件及边界值。找出可以直接得出问题的解，例如，例 7.10 中第一个人的年龄为 10，这就是边界条件及边界值。边界条件及边界值将成为递归调用的终止条件。

（3）确定解决问题的通式。确定步骤或等式将规模大的、较难解决的问题变成规模较小、易解决的同一问题，这是解决递归问题的难点，也是程序的核心。例如，例 7.11 中将 $n!$ 转换成求 $(n-1)!$ 问题，然后逐层求解。

7.7　数组作函数参数

数组可以作函数的参数使用，进行数据传送。数组作函数参数有两种形式：一种是把数组元素（下标变量）作为实参使用；另一种是把数组名作为函数的形参和实参使用。

视　频

数组作为函
数参数

7.7.1 数组元素作为函数实参

数组元素就是下标变量，它与普通变量并无区别。因此它作为函数实参使用与普通变量是完全相同的，在发生函数调用时，把作为实参的数组元素的值传送给形参，实现单向的值传送。

例 7.12 输入任意一个字符串，统计该字符串中字母的个数。

分析：因为字母既可能是大写字母，也可能是小写字母，所以判断某个字符是否为字母时，需要判断它是不是在'A' ～'Z'范围内或是在'a' ～'z'范围内。本例题用isletter()函数判断某个字符是否为字母。

```
1   #include <stdio.h>
2   /* 此函数用于判断某个字符是否为字母 */
3   int isletter(char c)
4   {
5       if(c>='a'&&c<='z'||c>='A'&&c<='Z')
6           return 1;                          /* 返回1表示是字母 */
7       else
8           return 0;                          /* 返回0表示不是字母 */
9   }
10  int main()
11  {
12      int i=0; int num=0;
13      char str[255];
14      printf(" 请输入一个字符串 :");
15      gets(str);
16      while(str[i]!='\0')
17      {
18          if(isletter(str[i])==1)            /* 数组元素作为函数参数 */
19              num++;
20          i++;
21      }
22      printf(" 字母个数 =%d\n",num);
23      return 0;
24  }
```

程序运行结果：

请输入一个字符串: Tomorrow is another day!
字母个数 =20

本程序中首先定义一个判断是否是字母的函数isletter()，并说明其形参c为字符变量。在函数体中根据字符c的值判断是否为字母，如果返回值为1表示是字母，返回值为0表示不是字母。在main()函数中用一个while语句输入一个字符串，每输入一个就以该元素作实参调用一次isletter()函数，即把str[i]的值传送给形参c，供isletter()函数使用。本例是将数组元素通过循环一次一次地传递到形参里。

数组元素作函数参数总结：

（1）用数组元素作为实参时，只要数组元素类型和函数的形参类型一致即可，对数组元素的处理是按普通变量对待的。

（2）在普通变量或数组元素作为函数实参时，被调函数中形参变量和主函数中的实参变量是两个不同存储单元，在函数调用时，实参对形参是值传递，是单向传递。

7.7.2 数组名作函数参数

7.7.1 节采用数组元素作函数实参，数组名也可以作函数实参。数组名实际上是一个常量地址，当用数组名作实参时，实际上是把该常量地址传给形参。形参数组并不分配接收实参数组元素的数据空间，只是分配一个接收常量地址的空间。

例 7.13　已知某个学生五门课程的成绩，求平均成绩。平均成绩要求采用函数实现。

```
1  #include <stdio.h>
2  /* 求平均分函数 */
3  float aver(float a[5])
4  {
5      int i;
6      float average ,sum=0;
7      for(i=0;i<5;i++)
8          sum+=a[i];
9      average=sum/5;
10     return average;
11  }
12  int main()
13  {
14      float score[5],res;
15      int i=0;
16      printf("请输入五门课程的成绩:\n");
17      for(i=0;i<5;i++)
18      {
19          scanf("%f",&score[i]);
20      }
21      res=aver(score);                        /* 调用函数，实参为数组名 */
22      printf("平均分为 %5.2f\n",res);
23      return 0;
24  }
```

程序运行结果：

```
请输入五门课程的成绩:
78 86 85 79 92
平均分为 84.00
```

本程序首先定义了一个实型函数 aver()，有一个形参为实型数组 a，长度为 5。在 aver() 函数中，把各元素值相加求出平均值，返回给主函数。主函数 main() 中首先完成数组 score 的输入，然后以 score 作为实参调用 aver() 函数，函数返回值传递给 res，最后输出 res 值。从运行情况可以看出，程序实现了所要求的功能。

说明：

（1）用数组名作为实参时，被调用函数中对应的形参也是数组，且数据类型必须与实参一致。例如，在本例中，形参数组为 a，实参数组为 score，它们的数据类型相同。

（2）用数组名作实参时，不是把数组元素的值传递给形参，而是把实参数组的首元素的地址传递给形参数组，这样两个数组就共同占同一个内存单元，如图 7.4 所示。这时 score[0] 与 a[0] 同占一个单元，score[1] 与 a[1] 同占一个单元……即对形参数组中各元素的操作实际上也就是对实参数组中各元素的操作。

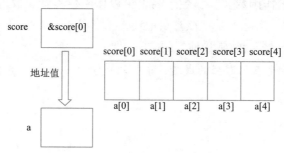

图 7.4　两个数组共占一段内存单元

（3）C 编译系统对形参数组大小不进行检查，所以形参数组可以不指定大小。形参类型为数组类型时，通常可以不说明数组元素的大小，而且再单独定义一个整型变量存储数组元素个数传给形参变量，这种定义方式可以使函数更清晰、灵活，不容易出错，且子函数更具有通用性。

注意：

一维形参数组可以省略维数，但是不能省略 [ ]。

例 7.14　改写例 7.13 中 aver() 函数的定义，形参数组不定义大小。

```
1  #include <stdio.h>
2  float aver(float a[],int num)              /* 求平均分函数 */
3  {
4      int i ;
5      float average,sum=0;
6      for(i=0;i<num;i++)
7          sum+=a[i];
8      average=sum/num;
9      return average;
10 }
11 int main()
12 {
13     float score[5],res;
14     int i=0;
15     printf("请输入五门课程的成绩 :\n");
16     for(i=0;i<5;i++)
17     {
18         scanf("%f",&score[i]);
19     }
20     res=aver(score,5);                      /* 调用函数，实参为数组名 */
21     printf("平均分为 %5.2f\n",res);
22     return 0;
23 }
```

程序运行结果：

请输入五门课程的成绩：
78 86 85 79 92
平均分为 84.00

例7.15　通过函数调用，实现数组中两个元素的交换。

```c
1  #include <stdio.h>
2  void swap(int x,int y)                    /*swap 用于元素交换 */
3  {
4      int temp;
5      temp=x;
6      x=y;
7      y=temp;
8  }
9  int main()
10 {
11     int a[2]={3,5};
12     swap(a[0],a[1]);                       /* 数组元素作为函数参数进行交换 */
13     printf("a[0]=%d\na[1]=%d\n",a[0],a[1]);
14     return 0;
15 }
```

程序运行结果：

```
a[0]=3
a[1]=5
```

从程序的运行结果可以看出，该程序并没有达到交换a数组中两个元素值的目的。之所以未交换，是因为在函数调用时，实参a[0]和a[1]是以值传递方式传送给形参 x 和 y 的，只是单向传递，如图7.5所示。在被调函数中，虽然形参变量 x 和 y 的值进行了交换，但并不影响实参a[0]和a[1]的值。

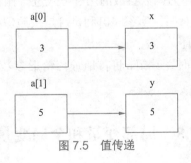

图7.5　值传递

究其本质，是因为形参和实参各占不同的存储空间，形参的改变不影响实参。如果想要达到交换两个数组元素的目的，可以通过地址传递方式实现。

例7.16　通过地址传递，实现数组中两个元素的交换。

```c
1  #include <stdio.h>
2  void swap(int x[])                        /*swap 用于元素交换 */
3  {
```

```
4          int temp;
5          temp=x[0];
6          x[0]=x[1];
7          x[1]=temp;
8      }
9      int main()
10     {
11         int a[2]={3,5};
12         swap(a);                        /* 数组名作为函数参数进行交换 */
13         printf("a[0]=%d\na[1]=%d\n",a[0],a[1]);
14         return 0;
15     }
```

程序运行结果：

```
a[0]=5
a[1]=3
```

实参采用数组名，也就是数组 a 的首地址传给形参数组 x，数组 x 得到数组 a 的首地址，数组 x 和数组 a 共用同一段存储空间，在被调函数中，对 x 数组元素 x[0] 和 x[1] 的操作也就相当于对数组 a[0] 和 a[1] 的操作，如图 7.6 所示。

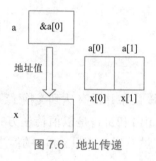

图 7.6　地址传递

通过以上两个例子，对数组作为函数参数的两种方式进行比较如下：

（1）用数组元素作为函数实参时，实参 a[0] 和 a[1] 是按照值传递的方式传送给形参 x 和 y 的，只是单向传递，不会改变实参的值。

（2）用数组名作为函数实参时，数组 a 将首地址传给形参数组 x，是双向传递，会改变实参的值。

7.8　局部变量和全局变量

●视频

变量的作用域

在讨论函数的形参变量时曾经提到，形参变量只在被调用期间才分配内存单元，调用结束立即释放。这一点表明形参变量只有在函数内才是有效的，离开该函数就不能再使用了。这种变量有效性的范围称为变量的作用域。不仅是形参变量，C 语言中所有变量都有自己的作用域。变量说明的方式不同，其作用域也不同。C 语言中的变量，按作用域范围可分为两种，即局部变量和全局变量。

7.8.1　局部变量

局部变量又称内部变量。局部变量是在函数内作定义说明的。其作用域仅限于函数内,离开该函数后再使用这种变量是非法的。例如:

```
int f1(int a)              /*f1() 函数 */
{
    int b,c;
    …
}                          /*a、b、c 的作用域仅限于 f1() 函数中 */
int f2(int x)              /*f2() 函数 */
{
    int y,z;
    …
}                          /*x、y、z 的作用域仅限于 f2() 函数中 */
int main()
{
    int m,n;
    …
    return 0;
}                          /*m、n 的作用域仅限于 main() 函数中 */
```

在f1()函数中定义了三个变量,a为形参,b、c为一般变量。在f1()函数范围内a、b、c有效,或者说a、b、c变量的作用域限于f1()函数内。同理,x、y、z的作用域限于f2()函数内。m、n的作用域限于main()函数内。关于局部变量的作用域还要说明以下几点:

(1)主函数中定义的变量也只能在主函数中使用,不能在其他函数中使用。同时,主函数中也不能使用其他函数中定义的变量。因为主函数也是一个函数,它与其他函数是平行关系。这一点是与其他语言不同的,应予以注意。

(2)形参变量是属于被调函数的局部变量,实参变量是属于主调函数的局部变量。

(3)允许在不同的函数中使用相同的变量名,它们代表不同的对象,分配不同的单元,互不干扰,也不会发生混淆。如前例中,形参和实参的变量名都为n,是完全允许的。

(4)在复合语句中也可定义变量,其作用域只在复合语句范围内。

例如:

```
int main()
{
    int s,a;
    …
    {
        int b;
        s=a+b;
        …        /*b 的作用域在复合语句范围内 */
    }
    …            /*s、a 的作用域在 main() 函数中 */
}
```

例 7.17　局部变量的作用域。

```
1    #include <stdio.h>
2    int main()
3    {
4        int i=2,j=3,k;
5        k=i+j;
6        {
7            int k=8;
8            printf("复合语句内的 k=%d\n",k);
9        }
10       printf("主函数内，复合语句外的 k=%d\n",k);
11       return 0;
12   }
```

程序运行结果：

```
复合语句内的 k=8
主函数内，复合语句外的 k=5
```

本程序在 main() 中定义了 i、j、k 三个变量，其中 k 未赋初值。而在复合语句内又定义了一个变量 k，并赋初值为 8。应该注意这两个 k 不是同一个变量。在复合语句外由 main() 函数定义的 k 起作用，而在复合语句内则由复合语句内定义的 k 起作用。因此程序第 5 行的 k 为 main() 函数所定义，其值应为 5。第 8 行输出复合语句内 k 的值，该行在复合语句内，由复合语句内定义的 k 起作用，其初值为 8，故输出值为 8。第 10 行输出复合语句外 k 值，输出的 k 应为 main() 所定义的 k，此 k 值由第 5 行已获得为 5，故输出为 5。

7.8.2　全局变量

全局变量又称外部变量，它是在函数外部定义的变量。它不属于哪一个函数，它属于一个源程序文件。其作用域是整个源程序。在函数中使用全局变量，一般应作全局变量说明。只有在函数内经过说明的全局变量才能使用。全局变量的说明符为 extern。但在一个函数之前定义的全局变量，在该函数内使用可不再加以说明。例如：

```
int a,b;              /* 全局变量 */
void f1()             /*f1() 函数 */
{
    ...
}
float x,y;            /* 全局变量 */
int f2()              /*f2() 函数 */
{
    ...
}
int main()            /* 主函数 */
{
    ...
}
```

从上例可以看出 a、b、x、y 都是在函数外部定义的外部变量，都是全局变量。但 x、y 定义在f1()函数之后，而在f1()函数内又无x、y的说明，所以它们在f1()函数内无效。a、b定义在源程序最前面，因此在f1()函数、f2()函数及main()函数内不加说明也可使用。

例7.18　输入长方体的长宽高l、w、h。求该长方体体积及三个面的面积。

```
1  #include <stdio.h>
2  int s1,s2,s3;
3  int vs(int a,int b,int c)
4  {
5      int v;
6      v=a*b*c;
7      s1=a*b;
8      s2=b*c;
9      s3=a*c;
10     return v;
11 }
12 int main()
13 {
14     int v,l,w,h;
15     printf("Input length,width and height:\n");
16     scanf("%d%d%d",&l,&w,&h);
17     v=vs(l,w,h);
18     printf("v=%d,s1=%d,s2=%d,s3=%d\n",v,s1,s2,s3);
19     return 0;
20 }
```

程序运行结果：

```
Input length,width and height:
3 5 7
v=105,s1=15,s2=35,s3=21
```

本例中s1、s2、s3在函数外部定义，是全局变量，并且在程序头部定义，所以所有函数均可以使用这三个全局变量。

例7.19　全局变量与局部变量同名的情况。

```
1  #include <stdio.h>
2  int a=3,b=5;                        /*a、b 为全局变量，作用域为整个程序 */
3  int max(int a,int b)                /*a、b 为局部变量，作用域为 max() 函数 */
4  {
5      int c;
6      c=a>b?a:b;
7      return c;
8  }
9  int main()
10 {
11     int a=8;                        /*a 为局部变量，作用域为 main 函数 */
12     printf("max=%d\n",max(a,b));
13     return 0;
14 }
```

程序运行结果：

```
max=8
```

说明：

（1）在同一个源文件中，允许全局变量与局部变量同名。在局部变量的作用范围内，全局变量被"屏蔽"而不起作用。

（2）全局变量可加强函数模块之间的数据联系，但又使这些函数依赖这些全局变量，因而使得这些函数独立性降低，从模块化程序设计的观点来看这是不利的，因此不是非用不可时，不要使用全局变量。

（3）全局变量的作用域是从定义的位置到本文件结束，如果定义位置之前的函数需要引用这些全局变量时，需要在该函数内对被引用的全局变量进行扩展声明。

全局变量扩展声明的一般形式为：

```
extern 数据类型 外部变量1 [,外部变量2…];
```

例如：

```
int Max;                          /* 定义全局变量 Max*/
void func(int x,int y,int z)
{
    extern int Min;                          /* 声明全局变量 Min*/
    Max=x;
    Min=x;
    if(y>Max) Max=y;
    if(z>Max) Max=z;
    if(y<Min) Min=y;
    if(z<Min) Min=z;
}
int Min;                          /* 定义全局变量 Min*/
```

全局变量的定义和全局变量的声明是两回事。全局变量的定义必须在所有函数之外，且只能定义一次；而全局变量的声明可以出现在使用该全局变量的函数内，或在函数前，而且可以出现多次。

变量的存储
类别（一）

变量的存储
类别（二）

7.9　变量的存储类别

在 C 语言中，变量和函数有两种类型，即数据类型和存储类型。数据类型表示数据的含义、取值范围和允许的操作；而存储类型表示数据的存储介质（内存和寄存器）、生存周期和作用域。

变量的存储在计算机中的不同位置占用不同的存储空间，这些变量并不是永久存在，在使用完毕后会被系统回收，这就是变量的生存期。变量的生存周期指的是变量从定义开始到它所占有的存储空间被系统回收为止的这段时间。

7.9.1　静态存储方式与动态存储方式

从变量的作用域（即从空间）角度来分，可以分为全局变量和局部变量。从变量值存在的作用时间（即生存期）角度来分，可以分为静态存储方式和动态存储方式。

1. 静态存储方式

静态存储方式是指在程序运行期间分配固定的存储空间的方式。静态存储方式的变量存储在内存中的静态存储区，在编译时就分配了存储空间。在整个程序运行期间，该变量一直占有固定的存储空间，程序结束后，这部分空间才被释放。这类变量的生存期为整个程序。静态变量和全局变量都存放在静态存储区中。

2. 动态存储方式

动态存储方式是在程序运行期间根据需要动态地分配存储空间的方式。动态存储方式的变量存储在内存中的动态存储区。在程序运行过程中，只有当变量所在的函数被调用时，编译系统才临时为该变量分配内存空间。函数调用结束后，所占空间被释放，变量值消失。这类变量的生存期仅为函数调用期间。

7.9.2　自动变量

函数中的局部变量，如不专门声明为static存储类别，都是动态地分配存储空间的，数据存储在动态存储区中。函数中的形参和在函数中定义的变量（包括在复合语句中定义的变量）都属于自动变量。在调用该函数时系统会给它们分配存储空间，在函数调用结束时就自动释放这些存储空间。如果自动变量的定义含有赋初值的表达式，则在每次调用时都要重新对该变量赋初值。自动变量在函数的两次调用之间不会保持它的值，所以如果自动变量的定义没有赋初值，每次调用函数时都必须重新给它赋值，然后才能引用，否则该变量的值为随机的不确定值。

自动变量用关键字auto作存储类别的声明，一般形式为：

```
auto 数据类型说明符 变量名；
```

实际上，关键字auto可以省略，因此auto int a; 与 int a; 等价。例如：

```
int f(int a)                          /* 定义 f() 函数，a 为行参，是自动变量 */
{
    auto int b,c=3;                   /* 声明 b、c 为自动变量 */
    …
}
```

a是形参，是自动变量，b、c也是自动变量，对c赋初值3。执行完f()函数后，自动释放a、b、c所占的存储单元。

注意：

函数如果不被调用，函数体以及参数中的局部变量不会被分配内存空间。

7.9.3　外部变量

外部变量（即全局变量）是在函数的外部定义的，它的作用域为从变量定义处开始，到本程序文件的末尾。如果外部变量不在文件的开头定义，其有效的作用范围只限于定义处到文件终了。如果在定义点之前的函数想引用该外部变量，则应该在引用之前用关键字 extern 对该变量作"外部变量声明"。表示该变量是一个已经定义的外部变量。有了此声明，就可以从"声明"处起，合法地使用该外部变量。

例 7.20 用 extern 声明外部变量，扩展程序文件中的作用域。

```
1   #include <stdio.h>
2   int max(int x,int y)
3   {
4       int z;
5       z=x>y?x:y;
6       return(z);
7   }
8   int main()
9   {
10      extern A,B;
11      printf("%d\n",max(A,B));
12      return 0;
13  }
14  int A=13,B=-8;
```

说明：在本程序文件的最后一行定义了外部变量 A、B，但由于外部变量定义的位置在 main() 函数之后，因此本来在 main() 函数中不能引用外部变量 A、B。现在在 main() 函数中用 extern 对 A 和 B 进行"外部变量声明"，就可以从"声明"处起，合法地使用该外部变量 A 和 B。

7.9.4 寄存器变量

前面介绍的几种存储类型的变量都分配在内存中，程序运行中要访问这些变量时必须到内存中访问相应的存储单元。但如果某变量在程序中要频繁访问，则必须多次访问内存，而内存的速度比 CPU 的速度慢一个数量级，所以会浪费时间。为了提高效率，C 语言允许将局部变量的值放在 CPU 的寄存器中，这种变量称为"寄存器变量"。

寄存器变量用关键字 register 进行存储类型的说明，一般形式为：

```
register 数据类型说明符 变量名；
```

例如：

```
register int m;
```

例 7.21 使用寄存器变量。

```
1   #include <stdio.h>
2   int fac(int n)
3   {
4       register int i,f=1;
5       for(i=1;i<=n;i++)
6           f=f*i;
7       return f;
8   }
9   int main()
10  {
```

```
11        int i;
12        for(i=1;i<=5;i++)
13            printf("%d!=%d\n",i,fac(i));
14        return 0;
15    }
```

程序运行结果：

```
1!=1
2!=2
3!=6
4!=24
5!=120
```

说明：

（1）只有局部自动变量和形式参数可以作为寄存器变量。

（2）一个计算机系统中的寄存器数目有限，不能定义任意多个寄存器变量。

（3）局部静态变量不能定义为寄存器变量。

7.9.5　静态变量

静态变量存放在静态存储区中，所占用的存储单元直到整个程序运行结束后才被释放。所以，静态变量在函数调用结束后仍保持原值，在下一次函数调用时，该变量的值就是上一次函数调用结束时保存的值，只有程序结束并再次运行程序时，静态变量才重新被赋初值。

静态变量的类型说明符是static，定义静态变量的一般形式为：

```
static 数据类型说明符 变量名;
```

静态变量可分为内部静态变量和外部静态变量。

1.　静态局部变量

静态局部变量属于静态存储方式，它具有以下特点：

（1）静态局部变量在函数内定义，它的生存期为整个源程序，但是其作用域仍与自动变量相同，只能在定义该变量的函数内使用该变量。退出该函数后，尽管该变量还继续存在，但不能使用它。

（2）对基本类型的静态局部变量若在说明时未赋初值，则系统自动赋予0值。而对自动变量不赋初值，则其值是不定的。根据静态局部变量的特点，可以看出它是一种生存期为整个源程序的量。虽然离开定义它的函数后不能使用，但如再次调用定义它的函数时，它又可继续使用，而且保存了前次被调用后留下的值。因此，当多次调用一个函数且要求在调用之间保留某些变量的值时，可考虑采用静态局部变量。虽然用全局变量也可以达到上述目的，但全局变量有时会造成意外的副作用，因此仍以采用局部静态变量为宜。

2.　静态全局变量

全局变量（外部变量）的说明之前再冠以static就构成了静态的全局变量。全局变量本身就是静态存储方式，静态全局变量当然也是静态存储方式。这两者在存储方式上并无不同。这两者的区别虽在于非静态全局变量的作用域是整个源程序，当一个源程序由多个源文件组成时，非静态的全局变量在各个源文件中都是有效的。而静态全局变量则限制了其作用域，即只在定义该变量的源文件内有效，在同一源程序的其他源文件中不能使用它。由于静态全局变量的作用域局限于一个源文件内，只能为该源文件内的函数公用，因此可以避免在其他源文件中引起错误。

从以上分析可以看出，把局部变量改变为静态变量后是改变了它的存储方式，即改变了它的生存期。把全局变量改变为静态变量后是改变了它的作用域，限制了它的使用范围。因此static这个说明符在不同的地方所起的作用是不同的。

例 7.22　静态局部变量与自动变量。

```
1   #include <stdio.h>
2   int fun(int a)
3   {
4       auto int b=0;                  /*b为自动变量*/
5       static int c=3;                /*c为静态局部变量*/
6       b+=2;
7       c+=3;
8       return a+b+c;
9   }
10  int main()
11  {
12      int a,i;                       /*a、i默认为自动变量*/
13      printf("a=%d\n",a);            /*a为自动变量，没有初始化，输出随机值*/
14      a=2;
15      for(i=0;i<3;i++)
16          printf("%d\n",fun(a));
17      return 0;
18  }
```

程序运行结果：

```
a=-858993460
10
13
16
```

对静态局部变量的说明：

（1）静态局部变量属于静态存储类别，在静态存储区内分配存储单元。在程序整个运行期间都不释放。而自动变量（即动态局部变量）属于动态存储类别，占动态存储空间，函数调用结束后即释放。

（2）静态局部变量在编译时赋初值，即只赋初值一次；而对自动变量赋初值是在函数调用时进行，每调用一次函数重新给一次初值，相当于执行一次赋值语句。

（3）如果在定义局部变量时不赋初值的话，则对静态局部变量来说，编译时自动赋初值0（对数值型变量）或空字符（对字符变量）。而对自动变量来说，如果不赋初值则它的值是一个不确定的值，例如程序输出的第一行"a=-858993460"，此时的a是系统给定的不确定值。

例 7.23 静态变量的使用。

```
1   #include <stdio.h>
2   void Fun( )                                    /* 打印被调用的次数 */
3   {
4       static int times = 1;                       /* 静态局部变量 */
5       printf("Fun () was called %d time(s).\n", times++);
6   }
7   int main()
8   {
9       int i;
10      for (i=0; i<5; i++)
11          Fun();
12      return 0;
13  }
```

程序运行结果：

```
Fun () was called 1 time(s).
Fun () was called 2 time(s).
Fun () was called 3 time(s).
Fun () was called 4 time(s).
Fun () was called 5 time(s).
```

思考：如果本程序的第 4 行变量 times 不定义成静态变量会有什么结果？

7.9.6　存储类型总结

从不同角度对变量的存储类型归纳，见表 7.2。

表 7.2　存储类型总结

作用范围	局部变量			全局变量	
存储类型	auto	register	局部 static	外部 static	外部
存储方式	动态			静态	
存储区	内存栈区	CPU 寄存器		内存静态存储区	
生存期	定义开始至分程序结束			程序整个运行期间	
作用域	定义变量的函数或复合语句内			本文件	本程序
赋初值	每次调用时都会重新赋值			编译时赋初值，只赋一次	
未赋初值	系统默认值			自动赋初值 0 或空字符	

从变量的作用范围划分，变量可分为局部变量和全局变量；按存储类型划分，变量可分为自动型、寄存器型、静态型和外部型，其中局部变量的存储类别有自动型、寄存器型、静态型，外部变量的存储类型有静态型和外部型。

注意：局部变量和外部变量都可以是静态型的；按存储方式来分，变量可分为动态存储方式和静态存储方式。

从存储区域来看，自动型变量存储在内存栈区，寄存器型存储在 CPU 的寄存器中，静态变量和外部变量都存储在内存的静态存储区；从生存期来看，自动型和寄存器型变量的生存期较短，是从定义开始至分程序结束，静态和外部变量生存期较长，生存期是程序整个运行期间；从作用域来看，自动型、寄存器型和局部静态型变量的作用域为定义变量的函数或复合语句内，外部静态变量的作用域是定义该变量的文件区域，外部变量的作用域为定义该变量的所有文件区域。从赋初值的情况来看，自动型和寄存器型变量每次调用时都会重新赋值，静态和外部变量编译时赋初值，只赋一次。如果未赋初值时，自动型和寄存器型变量如果不赋初值其值为系统默认值，静态和外部变量如果不赋初值系统自动为其赋初值0或空字符。

习　题

一、选择题

1. 在 C 语言中，以下说法不正确的是（　　）。
    A. 实参可以是常量、变量或表达式　　B. 形参可以是常量、变量或表达式
    C. 实参可以为任意类型　　D. 形参应与其对应的实参类型一致
2. C 语言规定，函数返回值的类型由（　　）。
    A. return 语句中的表达式类型所决定
    B. 调用该函数时的主调函数类型所决定
    C. 调用该函数时系统临时决定
    D. 在定义该函数时所指定的函数类型所决定
3. 以下程序有语法性错误，有关错误原因的正确说法是（　　）。

```
int main()
{
    int G=5,k;
    void  prt_char();
    …
    k=prt_char(G);
    …
}
```

    A. 语句 void prt_char()); 有错，它是函数调用语句，不能用 void 说明
    B. 变量名不能使用大写字母
    C. 函数说明和函数调用语句之间有矛盾
    D. 函数名不能使用下画线
4. 以下说法正确的是（　　）。
    A. 函数的定义可以嵌套，但函数的调用不可以嵌套
    B. 函数的定义不可以嵌套，但函数的调用可嵌套
    C. 函数的定义和调用均不可以嵌套
    D. 函数的定义和调用均可以嵌套
5. 若已定义的函数有返回值，则以下关于该函数调用的叙述中错误的是（　　）。
    A. 函数调用可以作为独立的语句存在　　B. 函数调用可以作为一个函数的实参

C. 函数调用可以出现在表达式中　　　D. 函数调用可以作为一个函数的形参

6. 以下所列的各函数首部中正确的是（　　）。

A. void play(var :Integer,var b:Integer)　　B. void play(int a,b)

C. void play(int a,int b)　　D. Sub play(a as integer,b as integer)

7. 在调用函数时，如果实参是简单变量，它与对应形参之间的数据传递方式是（　　）。

A. 地址传递　　B. 单向值传递

C. 由实参传给形参，再由形参传回实参　　D. 传递方式由用户指定

8. 有以下程序

```
void fun(int a,int b,int c)
{ a=456;b=567;c=678;}
int main()
{   int x=10,y=20,z=30;
    fun(x,y,z);
    printf("%d,/%d,%d\n",x,y,z);
    return 0;
}
```

输出结果是（　　）。

A. 30,20,10　　B. 10,20,30　　C. 456,567,678　　D. 678,567,456

9. 下列函数定义形式正确的是（　　）。

A. int f(int x; int y)　　B. int f(int x,y)　　C. int f(int x, int y)　　D. int f(x,y: int)

10. 下列关于函数参数的说法正确的是（　　）。

A. 实参与其对应的形参各自占用独立的内存单元

B. 实参与其对应的形参共同占用一个内存单元

C. 只有当实参和形参同名时才占用同一个内存单元

D. 形参是虚拟的，不占用内存单元

11. 一个函数的返回值由（　　）确定。

A. return 语句中的表达式　　B. 调用函数的类型

C. 系统默认的类型　　D. 被调用函数的类型

12. 下列有关局部变量的说法不正确的是（　　）。

A. 在一个函数内定义的变量不能在此函数外使用这个变量

B. 不同函数中不可以使用相同名字的变量，否则会引起编译错误

C. 形式参数是局部变量

D. 局部变量的定义可以出现在函数内部的复合语句中

13. 下列有关全局变量的说法不正确的是（　　）。

A. 定义全局变量时第一个字母必须大写

B. 全局变量的定义在函数之外，又称外部变量

C. 全局变量的作用域从定义变量的位置开始到本源文件结束

D. 由于全局变量在程序执行过程中都会占用存储单元，因此不必要时尽量不用全局变量

14. 以下程序段的输出结果是（　　　）。

```
#include <stdio.h>
int a=5;
int f()
{
    printf("a=%d",a);
    return 0;
}
int main()
{
    int a=10;
    a++;
    f();
    return 0;
}
```

　　A. a = 11　　　　　B. a = 10　　　　　C. a = 5　　　　　D. a = 6

15. 下列有关静态变量的说法不正确的是（　　　）。

　　A. 静态局部变量占用静态存储区空间，在程序运行期间不释放该空间

　　B. 静态外部变量存放在静态存储区，非静态外部变量存放在动态存储区

　　C. 定义静态变量时，编译器会自动为它赋初值

　　D. 静态局部变量不能被其他函数引用，静态外部变量不能被其他文件中的函数引用

16. 以下程序的输出结果是（　　　）。

```
#include <stdio.h>
int a=9;
int f()
{
    static int a=6;
    a++;
    return a;
}
int main()
{
    int a=12,i;
    for(i=0;i<3;i++)
        f();
    a=f();
    printf("a=%d",a);
    return 0;
}
```

　　A. a = 6　　　　　B. a = 12　　　　　C. a = 9　　　　　D. a = 10

17. 下列有关 extern 关键字的说明错误的是（　　　）。

　　A. extern 可以改变同一个文件中的全局变量的作用域

　　B. extern 可以使得一个文件中的函数对其他文件可见

　　C. extern 不能将静态外部变量的作用域扩展到其他文件

D. extern 可以用来定义一个外部变量

18. 下列说法正确的是（　　　）。

A. 定义变量时必须指定数据类型，而用 extern 声明的变量不需要指定数据类型

B. 寄存器变量在程序执行过程中一直存放在 CPU 的寄存器中

C. 自动变量不占用存储空间

D. 全局变量可以提高函数的通用性，使程序结构更加清晰

19. 若函数的形参为一维数组，则下列说法中正确的是（　　　）。

A. 调用函数时的对应实参必为数组名

B. 形参数组可以不指定大小

C. 形参数组的元素个数必须等于实参数组的元素个数

D. 形参数组的元素个数必须多于实参数组的元素个数

20. 以下叙述中正确的是（　　　）。

A. 全局变量的作用域一定比局部变量的作用域范围大

B. 静态变量的生存期贯穿于整个程序的运行期间

C. 函数的形参都属于全局变量

D. 未在定义语句中赋初值的 auto 变量和 static 变量的初值都是随机值

二、填空题

1. 下面程序的输出结果是_____。

```c
#include <stdio.h>
int  t(int x,int y,int cp,int dp)
{
    cp=x*x+y*y;
    dp=x*x-y*y;
    return 0;
}
int main()
{
    int a=4,b=3,c=5,d=6;
    t(a,b,c,d);
    printf("%d %d \n",c,d);
    return 0;
}
```

2. 下面程序的输出结果是_____。

```c
#include <stdio.h>
void fun(int x,int y)
{
    x=x+y;y=x-y;x=x-y;
    printf("%d,%d,",x,y);
}
int main()
{
    int x=2,y=3;
```

```
    fun(x,y);
    printf("%d,%d\n",x,y);
    return 0;
}
```

3. 下面程序的输出结果是_____。

```
#include <stdio.h>
void fun()
{
    static int a=0;
    a+=2;
    printf("%d",a);
}
int main()
{
    int cc;
    for(cc=1;cc<4;cc++)
        fun();
    printf("\n");
    return 0;
}
```

4. 下面程序输出的最后一个值是_____。

```
#include <stdio.h>
int ff(int n)
{
    static int f=1;
    f=f*n;
    return f;
}
int main()
{
    int i;
    for(i=1;i<=5;i++)
        printf("%5d",ff(i));
    return 0;
}
```

5. 下面程序的输出结果是_____。

```
#include <stdio.h>
as()
{
    int lv=0;
    static int sv=0;
    printf("%d,%d\n",lv,sv);
    lv++;sv++;
    return;
}
int main()
```

```
{
    int i;
    for(i=0;i<2;i++)
        as();
    return 0;
}
```

三、编程题

1. 定义一个函数 int fun(int a,int b,int c)，它的功能是：若 a、b、c 能构成等边三角形，函数返回 3，若能构成等腰三角形，函数返回 2，若能构成一般三角形，函数返回 1，若不能构成三角形，函数返回 0。

2. 编写函数 fan(int m)，计算任意输入整数的各位数字之和。主函数包括输入、输出和调用函数。

3. 编写函数 isprime()，用来判断整型数 x 是否为素数，若是素数，函数返回 1，否则返回 0。

4. 编写两个函数，函数功能分别是：求两个整数的最大公约数和最小公倍数，要求输入 / 输出均在主函数中完成。

5. 已知一个数列的前三项分别为 0、0、1，以后的各项都是其相邻的前三项之和，计算并输出该数列前 n 项的平方根之和 sum。例如，当 n = 10 时，程序的输出结果为 23.197745。

第 8 章
指　针

　　指针是 C 语言中一种重要的数据类型，利用指针变量可以表示各种数据结构，能很方便地使用数组和字符串，并能像汇编语言一样处理内存地址，从而编出精练而高效的程序。指针极大地丰富了 C 语言的功能，正确而灵活地运用指针，能使程序简洁、紧凑、高效。本章将介绍指针的基础知识和指针的使用方法。

8.1　地址与指针的概念

　　指针是 C 语言提供的一种特殊数据类型，联合使用指针和结构体（第 9 章介绍）这两种数据类型可以有效地表示许多复杂的数据结构，如队列、堆栈、链表、树、图等。要正确理解指针的概念并正确使用指针，需要先清楚以下几个与指针相关的概念和问题。

8.1.1　地址的基本概念

　　在计算机中，所有数据都存放在存储器中。一般把存储器中的一个字节称为一个内存单元，不同的数据类型所占用的内存单元数不同。例如，在 VS 2015 中，一个整型变量占 4 个单元、一个字符变量占 1 个单元等。为了正确访问这些内存单元，必须为每个内存单元编号，根据一个内存单元的编号即可准确地找到该内存单元，内存单元的编号又称地址。既然根据内存单元的编号或地址就可以找到所需的内存单元，所以通常也把这个地址称为指针。编译器为某种类型的变量分配内存空间，首先根据程序中定义的变量类型确定其所占内存空间的大小，然后返回分配的内存空间的首地址，作为该变量的地址。而在变量所占存储单元中存放的数据，称为变量的值。

8.1.2　内存的访问方式

　　如果变量的值已经存储在内存中，那么如何使用它呢？对内存变量的存取有两种方式：直接访问和间接访问。

1. 直接访问

　　顾名思义，直接访问就是根据变量名访问内存。

例8.1 分析下列程序的运行结果。

```
1    #include <stdio.h>
2    int main()
3    {
4        int i=3;
5        printf("i=%d",i);
6        return 0;
7    }
```

程序运行结果：

```
i=3
```

在程序的第4行，通过变量名i把3存储在变量i对应的内存中，在程序的第5行，通过变量名i把变量i对应内存中的数3取出来，输出到显示器上。这种通过变量名存取内存的方式称为对内存的直接访问方式。

2. 间接访问

即通过定义特殊的变量来存放某一对象的地址，利用这个地址找到该对象的内存单元，实现间接访问，如下所示：

```
int a=3,*p;
p=&a;
printf("%d",*p);
```

先定义一般变量a和特殊变量p，用&a表示变量a在内存中所占存储单元的首地址，而无须关心该地址的具体值是多少。如果通过p=&a赋值操作，将变量a的地址赋值给另外一个变量p，那么就获得了另外一种访问变量a的方法，即先访问变量p，获得变量a的地址值，然后再到该地址值代表的存储单元中去访问变量a，这种通过变量p访问变量a的方法，输出的*p就称为对变量a的间接访问。当然，这里的变量p不是普通类型的变量，它是一种特殊类型的变量，即指针类型的变量，简称指针变量。

指针变量是用来存储地址的变量，通过指针变量来存取它所指向变量的访问方式，称为间接访问。

8.2 指 针 变 量

8.2.1 指针变量的定义

变量的指针就是变量的地址，存放变量地址的变量是指针变量。在C语言中，允许用一个变量来存放指针，这种变量称为指针变量。对指针变量定义的一般形式为：

```
类型说明符  * 变量名;
```

其中，* 表示这是一个指针变量，变量名即为定义的指针变量名，类型说明符表示指针变量所指向的变量的数据类型。例如：

```
int *p1;
```

视频●
指针的作用
和使用方法

表示 p1 是一个指针变量，它的值是某个整型变量的地址，或者说 p1 指向一个整型变量，至于 p1 究竟指向哪一个整型变量，应由向 p1 赋予的地址来决定。

再如：

```
int *p2;                /*p2 是指向整型变量的指针变量 */
float *p3;              /*p3 是指向浮点变量的指针变量 */
char *p4;               /*p4 是指向字符变量的指针变量 */
```

注意：一个指针变量只能指向同类型的变量，如 p3 只能指向浮点变量，不能时而指向一个浮点变量，时而又指向一个字符变量。

8.2.2 指针变量的引用

指针变量同普通变量一样，使用之前要先定义说明，而且必须赋予具体的值，未经赋值的指针变量不能使用。指针变量定义后就可以对它进行赋值、输出值、访问其所指向的变量等操作。指针变量只能存放地址，不要将非地址类型的数据赋值给一个指针变量。

两个有关的指针运算符：

1. 取地址运算符

C 语言中提供了地址运算符 & 表示变量的地址。

其一般形式为：

```
& 变量名；
```

例如，&a 表示变量 a 的地址，&b 表示变量 b 的地址。变量本身必须预先说明。

设有指向整型变量的指针变量 pNum，如要把整型变量 num 的地址赋予 pNum，有以下两种方式：

（1）指针变量初始化的方法

```
int num;
int *pNum=&num;
```

（2）赋值语句的方法

```
int num;
int *pNum;
pNum=&num;
```

不允许把一个数赋予指针变量，故下面的赋值是错误的：

```
int *p;
p=1000;
```

2. 指针运算符（又称间接访问运算符）

*运算符通常称为间接运算符，它返回其操作数（也就是指针）所指向的对象。间接运算符是一元运算符，其操作数必须是一个指针值。

例 8.2　从键盘输入一个数，利用指针将这个数输出。

```
1  #include <stdio.h>
2  int main()
```

```
3    {
4        int a;
5        int *p;
6        scanf("%d",&a);
7        p=&a;
8        printf("*p=%d",*p);
9        return 0;
10   }
```

程序运行结果：

```
*p = 3
```

若输入的a为3，指针变量p存放的是a的地址，则*p就是对a内存中值的间接访问。

例 8.3　分析下列程序的结果。

```
1    #include <stdio.h>
2    int main()
3    {
4        int x=3;
5        int *p;
6        p=&x;
7        printf("x=%d\t",x);
8        printf("*p=%d\n",*p);
9        *p=7;
10       printf("x=%d\t",x);
11       printf("*p=%d\n",*p);
12       return 0;
13   }
```

程序运行结果：

```
x=3        *p=3
x=7        *p=7
```

在程序第6行，执行 p = &x 之后，指针p指向变量x。在第8行语句printf("*p = %d\n", *p)中，*p 实际上是指针p所指向的变量x，*p与x等价。在第9行，将*p赋值为7，等价于对x赋值为7，所以后面的语句输出x的值和输出*p的值均是7。

例 8.4　分析下列程序的结果。

```
1    #include <stdio.h>
2    int main()
3    {
4        int a,b;
5        int *pointer_1;
6        a=100;b=10;
7        pointer_1=&a;
8        printf("%d,%d\n",*pointer_1,a);
9        pointer_1=&b;
10       printf("%d,%d\n",*pointer_1,b);
11       return 0;
12   }
```

程序运行结果：

```
100,100
10,10
```

在程序第7行，将指针变量pointer_1与变量a建立了联系，所以在第8行中，*pointer_1就等价于变量a，即pointer_1指向的变量，所以第8行的输出结果为100,100。在第9行，指针变量pointer_1与变量b建立了联系，所以在第10行中，*pointer_1就等价于变量b，即pointer_1指向的变量，所以第10行的输出结果为10,10。

例8.5 *& 的应用。

```
1  #include <stdio.h>
2  int main()
3  {
4      int a=5;
5      int *pointer;
6      pointer=&a;
7      printf("%d,%d,%d",a,*&a,*pointer);
8      return 0;
9  }
```

程序运行结果：

```
3,3,3
```

程序运行结果都是a的值，输出 *&a，是先取a的地址 &a，再执行间接访问运算符"*"，取a所在地址中的值，即a的值；输出 *pointer ，pointer存放的是a的地址，因此 *pointer就是间接访问a的值。

例8.6 &* 的应用。

```
1  #include <stdio.h>
2  int main()
3  {
4      int a=5;
5      int *pointer;
6      pointer=&a;
7      printf("%d,%d",&a,&*pointer);
8      return 0;
9  }
```

程序运行结果：

```
1703728,1703728
```

程序运行结果都是a的地址值，输出 &a，是对a取地址后输出；输出 &(*pointer)，由于pointer=&a，因此 *pointer相当于a，再对 *poniter前面加"&"，即 &(*pointer)相当于 &a。

视频

指针变量作
函数的形参

8.2.3 指针变量与函数

函数的参数及返回值不仅可以是整型、实型、字符型等数据，还可以是指针类型。

函数参数为指针变量，是将普通变量的地址传递给函数对应的指针形参，从而用间接访问的方式实现形参对实参的改变；函数返回值为指针类型时，则可以利用指针变量调用函数，也可以将一个指针变量的值返回。

1. 指针变量作函数形参

在 C 语言中，函数的参数传递都是值传递，即形参是实参的一个副本，因此形参的改变不会影响实参。值传递减低了函数之间的耦合性，有助于实现较好的程序架构。但在某些情况下，值传递不能满足程序员的要求。

例 8.7　值传递示例，分析下列程序的结果。

```
1  #include <stdio.h>
2  void fun(int x,int y);
3  int main()
4  {
5      int x=3,y=7;
6      printf("x=%d, y=%d\n",x,y);
7      fun(x, y);
8      printf("x=%d, y=%d\n",x,y);
9      return 0;
10 }
11 void fun(int x,int y)
12 {
13     int z;
14     z=x;
15     x=y;
16     y=z;
17 }
```

程序运行结果：

```
x=3, y=7
x=3, y=7
```

本程序试图调用 fun() 函数交换主函数中变量 x 与 y 的值，但是没有成功。这是因为主函数中的变量 x、y 与 fun() 函数中的参数 x、y 是不同的变量，程序的第 14~16 行中，在 fun() 函数中交换 x 与 y 的值，对 main() 中的 x 与 y 的值没有影响，因此程序第 8 行，在 main() 函数中输出 x 与 y 的值时，main() 函数中的 x 与 y 并没有被交换。

在例 8.7 中，参数值传递时，被调函数不能改变主调函数的局部变量。为了使被调函数具有改变主调函数的局部变量的功能，可以用指针变量作参数。

例 8.8　分析下列程序的结果。

```
1  include <stdio.h>
2  void fun(int *xPtr,int *yPtr);
3  int main(void)
4  {
5      int x=3,y=7;
6      printf("x=%d, y=%d\n",x,y);
7      fun(&x, &y);
```

```
8        printf("x=%d, y=%d\n",x,y);
9        return 0;
10  }
11  void fun(int *xPtr,int *yPtr)
12  {
13        int z;
14        z=*xPtr;
15        *xPtr=*yPtr;
16        *yPtr=z;
17  }
```

程序运行结果：

```
x=3, y=7
x=7, y=3
```

可以看到，这里的 fun() 函数修改了主函数中的变量 x 和 y。

程序第 6 行输出 x 与 y 的值时，输出结果为 x = 3，y = 7。第 7 行调用 fun() 函数，通过参数传递，将 x 的地址和 y 的地址传递给 fun() 函数的参数 xPtr 和 yPtr。参数传递本质上是用实参对形参作初始化。因此本次参数传递相当于语句 int *xPtr = &x; int *yPtr = &y; 从而使 fun() 函数中的指针 xPtr 指向 main() 函数中的 x，fun() 函数中的指针 yPtr 指向 main() 函数中的 y，如图 8.1 所示。

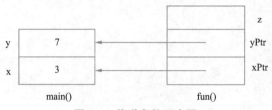

图 8.1　传递参数示意图

参数传递完成后，fun() 函数开始运行。在第 14～16 行，交换 *xPtr 和 *yPtr。由于在传递参数时，xPtr 指向 x，yPtr 指向 y，即 *xPtr 等价于 x，*yPtr 等价于 y，交换了 main() 函数中的 x 和 y 的值，如图 8.2 所示。

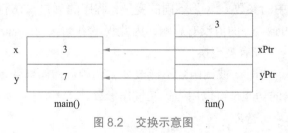

图 8.2　交换示意图

注意：

不能企图通过改变指针形参的值而使指针实参的值改变。

例 8.9　分析下列程序的结果。

```
1  include <stdio.h>
```

```
2   fun(int *p1,int *p2)
3   {
4       int *p;
5       p=p1;
6       p1=p2;
7       p2=p;
8   }
9   int main(  )
10  {
11      int x=3, y=7;
12      printf("x=%d, y=%d\n",x,y);
13      fun(&x, &y);
14      printf("x=%d, y=%d\n",x,y);
15      return 0;
16  }
```

程序运行结果：

```
x=3，y=7
```

在程序第 13 行，调用 fun() 函数，通过实参的值传递给形参，形参 p1 指向 x，形参 p2 指向 y，在程序的第 4～6 行，交换 p1 和 p2 的值，也就是使形参 p1 指向 y，形参 p2 指向 x，但 x 和 y 的值并没有交换。调用结束后，程序回到第 12 行，接着执行第 13 行，输出 x 和 y 的值。

从例 8.8 可以看出，函数参数是指针类型，可以在函数中改变实参，因此以指针作函数参数，其实可以返回多个结果，其本质就是利用函数的多个指针变量改变了多个实参的值。

例 8.10　写一个函数，把用分钟表示的时间转换成合适的以小时和分钟表示的时间。例如，235 分钟等于 3 小时 55 分钟。

思路分析：该函数需要接收一个表示分钟数的整数，需要返回两个整数——表示小时的数字和剩余的表示分钟的数字，因此必须使用指针作为输出参数。

```
1   #include <stdio.h>
2   void getHM(int time, int *pHoure, int *pMinutes);
3   int main()
4   {
5       int time, hours, minutes;
6       printf(" 请输入分钟数 :\t");
7       scanf("%d", &time);
8       getHM(time, &hours, &minutes);
9       printf(" 小时 : 分钟   %d:%d\n",hours,minutes);
10      return 0;
11  }
12  void getHM(int time,int *pHoure,int *pMinutes)
13  {
14      *pHoure=time/60;
15      *pMinutes=time%60;
16  }
```

程序运行结果：

```
请输入分钟数：      235 ↙
```

小时：分钟　　3:55

在本程序中，函数 getHM() 有三个参数。第一个参数 time 给函数提供输入数据，后两个参数 pHours 和 pMinutes 使函数能把结果传递回主调函数。在调用该函数时，后两个参数必须指定为地址，数据可以存入这些地址，所以调用为 getHM(time, &hours, &minutes); 函数调用之后，变量之间的关系如图 8.3 所示，因此 getHM() 函数中对 *pHours 和 *pMinutes 的赋值实际上是对 main() 函数中变量 hours 和 minutes 的赋值。

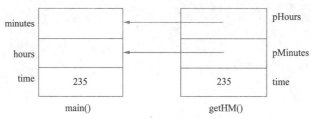

图 8.3　变量之间的关系示意图

2. 函数返回值为指针类型

函数的返回值可以是整型、实型、字符型等，也可以是指针类型。定义一个指针变量指向返回指针类型的函数，可通过这个指针变量调用此函数，其中这个返回指针类型的函数称为指针函数，其定义的一般形式为：

类型说明符 * 函数名 (参数列表);

例如：

```
int *fun(int a,int b);
```

fun 为函数名，前面加一个 "*" 表示此函数为指针类型的函数，类型说明符为 int，表示返回的是指向整型变量的指针。指针类型的函数调用形式和一般函数调用一样，函数名加参数即可，如上述函数的调用可以为 fun(4,5)。

例 8.11　输入两个整数，求这两个数的较大值。

本例用返回值为指针的函数实现，定义函数时需要在函数名前加 "*"，求的是较大整数，因此函数返回值为指向整型的指针。

```
1   #include <stdio.h>
2   int *max(int a,int b);
3   int imax;
4   int main()
5   {
6       int x,y;
7       int *result;
8       printf("请输入两个数：");
9       scanf("%d,%d",&x,&y);
10      result=max(x,y);
11      printf("较大值为：%d",*result);
12      return 0;
13  }
14  int *max(int a,int b)
```

```
15  {
16      int *p=&imax;
17      imax=a>b?a:b;
18      return p;
19  }
```

程序运行结果：

```
请输入两个数：3,5↙
较大值为：5
```

本例中，调用函数的变量 result 以及函数返回值 p，都是指向整型的指针。第 16 行中 p=&imax，使得 p 指向 imax，而 p 又作为函数返回值赋给 result 后，使 result 也指向了 imax，因此 *result 等效于 imax，为计算的较大值。

本例的此种实现方法用于讲解指针作函数返回值，实际编程中不需要写成这样，因为程序实现不够简便。

8.3 指针与一维数组

8.3.1 指向数组元素的指针

当声明一个数组时，编译器在相邻的内存空间分配足够的存储空间，以容纳数组的所有元素，并记录下该空间的首地址和空间的大小。该首地址就是数组第一个元素的存储位置。数组名可以看作指向该数组第一个元素的指针常量。假设声明如下的 a 数组：

```
int a[5]={10,20,30,40,50};
```

假定 a 数组的首地址为 1000，在 VS 2015 中，每个整数需要 4 字节的存储空间，于是该数组的五个元素如图 8.4 所示存储。

a				
a[0]	a[1]	a[2]	a[3]	a[4]
10	20	30	40	50
1000	1004	1008	1012	1016

图 8.4 数组的存储

定义一个指向数组元素的指针变量的方法，与以前介绍的指针变量相同。例如：

```
int a[10];              /* 定义 a 为包含 10 个整型数据的数组 */
int *p;                 /* 定义 p 为指向整型变量的指针 */
```

因为数组为 int 型，所以指针变量也应为指向 int 型的指针变量。对指针变量的赋值语句如下：

```
p=&a[0];
```

把 a[0] 元素的地址赋给指针变量 p，也就是说，p 指向 a 数组的第 0 个元素。

C 语言规定，数组名代表数组的首地址，也就是第 0 号元素的地址。因此，下面两条语句

等价:

```
p=&a[0];
p=a;
```

此时 p、a、&a[0] 均指向同一单元，它们是数组 a 的首地址，也是 0 号元素 a[0] 的首地址。其中，p 是变量，而 a 和 &a[0] 都是常量，在编程时应注意。

8.3.2 通过指针引用数组元素

C 语言规定：如果指针变量 p 已指向数组中的一个元素，则 p+1 指向同一数组中的下一个元素。

引入指针变量后，就可以用两种方法来访问数组元素。如果 p 的初值为 &a[0]，则：

（1）p+i 和 a+i 就是 a[i] 的地址，或者说它们指向 a 数组的第 i 个元素。若指针变量 p 指向数组 a 的某一元素，则 p+1 指向数组 a 的下一个元素，于是就有 p+i 指向 p 当前指向元素后面的第 i 个元素，p-i 指向 p 当前指向元素前面的第 i 个元素，如图 8.5 所示。

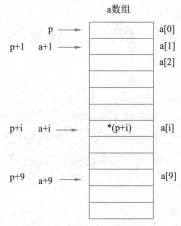

图 8.5 指针访问数组元素

（2）当 p 指向 a[0] 时，下列对应关系成立：*p 就是 a [0]，*(p+1) 就是 a [1]，*(p+i) 就是 a[i]。*(p+i) 或 *(a+i) 就是 p+i 或 a+i 所指向的数组元素，即 a[i]。

例如，*(p+5) 或 *(a+5) 就是 a[5]。

（3）指向数组的指针变量也可以带下标，如 p[i] 与 *(p+i) 等价。

根据以上所述，引用一个数组元素可以用以下方法：

① 下标法：即用 a[i] 形式访问数组元素。在前面介绍数组时都是采用这种方法。

② 指针法，即采用 *(a+i) 或 *(p+i) 形式，用间接访问的方法访问数组元素，其中 a 是数组名，p 是指向数组的指针变量。

例 8.12 分析下列程序的结果，体会用指针变量访问数组的特点。

```
1  #include <stdio.h>
2  int main(void)
3  {
4      double a[5]={3.2,4.75,7.2,9,1.7};
5      double *p=a;
```

```
6        int i;
7        for(i=0;i<=4;i++)
8        {
9            printf("a[%d]=%lf\n",i,*p);
10           p++;
11       }
12       return 0;
13   }
```

程序运行结果：

```
a[0]=3.200000
a[1]=4.750000
a[2]=7.200000
a[3]=9.000000
a[4]=1.700000
```

在程序第5行，double *p = a;之后，p指向数组第一个元素a[0]，内存图如图8.6所示。第一次执行for循环，在程序第9行，执行 printf("a[%d] = %lf\n", i, *p);时输出指针p指向的变量a[0]，因此输出 3.200000。执行第10行 p++，指针p指向数组的下一个元素，指针p指向a[1]，如图8.7所示。继续执行循环，每循环一次p的指向后移一个元素，因此循环五次后就输出数组的所有元素。

图 8.6　指针访问数组（一）

图 8.7　指针访问数组（二）

需要注意以下几个问题：

（1）指针变量可以实现本身的值的改变。例如，p++是合法的；而a++是错误的。因为a是数组名，它是数组的首地址，是常量。

（2）*p++，由于++和*同优先级，结合方向自右而左，等价于*(p++)。

（3）*(p++)与*(++p)的作用不同。若p的初值为a，则*(p++)等价于a[0]，*(++p)等价于a[1]。

（4）(*p)++表示p所指向的元素值加1。

（5）如果p当前指向a数组中的第i个元素，则

① *(p--)相当于a[i--]。

② *(++p)相当于a[++i]。

③ *(--p)相当于a[--i]。

例8.13　分别用三种方法输出一个整型数组 a 中的 10 个元素。

```
1 #include <stdio.h>
2 int main( )
3 {
4     int a[10]={1,2,3,4,5,6,7,8,9,0};
5     int *p,i;
```

```
6        for(i=0;i<10;i++)              /* ① 利用下标输出 */
7        {
8            printf("%d ",a[i]);
9        }
10       printf("\n");
11       for(i=0;i<10;i++)              /* ② 利用数组名是数组的首地址输出 */
12       {
13           printf("%d ",*(a+i));
14       }
15       printf("\n");
16       for(p=a;p<(a+10);p++)          /* ③ 利用指针法输出 */
17       {
18           printf("%d ",*p);
19       }
20       printf("\n");
21       return 0;
22   }
```

程序运行结果：

```
1 2 3 4 5 6 7 8 9 0
1 2 3 4 5 6 7 8 9 0
1 2 3 4 5 6 7 8 9 0
```

在上述三种方法中，方法①比较直观，易读；方法②与①的执行效率相同，查找数组元素比较费时；利用方法③使指针直接指向数组元素，不需要每次都计算地址，因而执行效率高，但在可读性上与方法②一样，不直观。

8.3.3　数组名作函数参数

数组名可以作函数的实参和形参。例如：

```
int main()
{
    int array[10];
    …
    …
    f(array,10);
    …
    …
}
f(int arr[],int n);
{
    …
    …
}
```

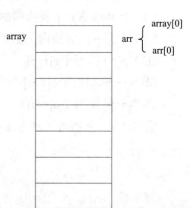

array 为实参数组名，arr 为形参数组名。数组名就是数组的首地址，实参向形参传送数组名实际上就是传送数组的地址，形参得到该地址后也指向同一数组，如图8.8所示。这就好像同一件物品有两个彼此不同的名称一样。

图 8.8　数组名作函数参数

例 8.14 将数组 a 中的 n 个整数按相反顺序存放。

思路分析：将 a[0] 与 a[n-1] 对换，再将 a[1] 与 a[n-2] 对换，直到将 a[(n-1/2)] 与 a[n-int((n-1)/2)] 对换。可以用循环处理此问题，设两个位置指示变量 i 和 j，i 的初值为 0，j 的初值为 n-1。将 a[i] 与 a[j] 交换，然后使 i 的值加 1，j 的值减 1，再将 a[i] 与 a[j] 交换，直到 i=(n-1)/2 为止。

```
1  #include <stdio.h>
2  void inv(int x[],int n)                      /* 形参 x 是数组名 */
3  {
4      int temp,i,j,m=(n-1)/2;
5      for(i=0;i<=m;i++)
6      {
7          j=n-1-i;
8          temp=x[i];
9          x[i]=x[j];
10         x[j]=temp;
11     }
12 }
13 int main()
14 {
15     int i,a[10]={3,7,9,11,0,6,7,5,4,2};
16     printf("The original array:\n");
17     for(i=0;i<10;i++)
18     {
19         printf("%d,",a[i]);
20     }
21     printf("\n");
22     inv(a,10);
23     printf("The array has benn inverted:\n");
24     for(i=0;i<10;i++)
25     {
26         printf("%d,",a[i]);
27     }
28     printf("\n");
29 }
```

程序运行结果：
```
The original array:
3,7,9,11,0,6,7,5,4,2
The array has benn inverted:
2,4,5,7,6,0,11,9,7,3
```

在程序第 22 行，用数组名 a 作为实参，传递给形参 x，此时 x 的值为实参数组 a 的首地址，数组 x 和数组 a 为同一个内存，数组 x 并没有另外分配一个存储空间，x 和 a 都是主函数数组的首地址，在函数 inv() 的第 8～10 行，交换数组 x 的元素，实质上就是交换 main() 中的数组 a，所以在程序的第 24～27 行，就输出了交换后的数组。

对例 8.14 可以做一些改动，将 inv() 函数中的形参 x 改成指针变量，此时只需将程序的第 2 行改成：void inv(int *x,int n)，其他不用做任何更改，程序的运行结果完全一样。

例8.15 求五个学生 C 语言成绩的平均值。

```
1   #include <stdio.h>
2   float aver(float *pa)
3   {
4       int i;
5       float av,s=0;
6       for(i=0;i<5;i++)
7       {
8           s+=*pa;
9           av=s/5;
10          pa++;
11      }
12      return av;
13  }
14  int main( )
15  {
16      float sco[5],av,*sp;
17      int i;
18      sp=sco;
19      printf("\ninput 5 scores:\n");
20      for(i=0;i<5;i++)
21      {
22          scanf("%f",&sco[i]);
23      }
24      av=aver(sp);
25      printf("average score is %5.2f",av);
26      return 0;
27  }
```

程序运行结果：

```
input 5 scores:
70.0  80.0   85.0  90.5  96.5↙
average score is 84.40
```

程序第18行，指针变量sp指向数组sco的首地址，在第24行，调用aver()函数，实参为sp，传递给形参pa，则pa也指向数组sco的首地址。第6～11行，对数组sco的五个元素求平均值，第25行，在main()中输出平均值。

例8.16 利用指针实现冒泡排序。

```
1   #include <stdio.h>
2   void order(int *p,int n)
3   {
4       int i,j,temp;
5       for(i=0;i<n-1;i++)
6           for(j=0;j<n-1-i;j++)
7               if(*(p+j)>*(p+j+1))
8               {
9                   temp=*(p+j);
10                  *(p+j)=*(p+j+1);
```

```
11                      *(p+j+1)=temp;
12                  }
13          printf(" 排序后的数组为: \n");
14          for(i=0;i<n;i++)
15              printf("%d",*(p+i));
16  }
17  int main( )
18  {
19      int a[10],i,n;
20      scanf("%d",&n);
21      for(i=0;j<n;i++)
22          scanf("%d",&a[i]);
23      order(a,n);
24      return 0;
25  }
```

程序运行结果：

```
5
1  5  2  6  7
```

排序后的数组为：

```
1  2  5  6  7
```

在程序第 23 行，调用 order() 函数，实参为 a，传递给形参 p，则 p 也指向数组 a 的首地址。第 5~12 行，对数组 a 的 5 个元素进行冒泡排序，第 14~15 行，输出排序后的结果。

8.4 字符串与指针

在 C 语言中，可以用两种方法访问一个字符串。

（1）用字符数组存放一个字符串，然后输出该字符串。

例 8.17 分析下列程序的输出结果。

```
1  #include <stdio.h>
2  int main()
3  {
4      char string[]="I love China!";
5      printf("%s\n",string);
6      return 0;
7  }
```

程序运行结果：

```
I love China!
```

说明：与前面介绍的数组属性一样，string 是数组名，它代表字符数组的首地址。string 数组中的元素如图 8.9 所示。

（2）用字符串指针指向一个字符串。

例 8.18 分析下列程序的输出结果。

```
1  #include <stdio.h>
2  int main()
3  {
4      char *string="I love China!";
5      printf("%s\n",string);
6      return 0;
7  }
```

程序运行结果：

```
I love China!
```

程序第 4 行，表示定义 string 是一个字符指针变量，然后把字符串 "I love China!" 在内存中存储的首地址存储到 string。

用字符数组和字符指针变量都可实现字符串的存储和运算，但是两者是有区别的。使用时应注意以下几个问题：

（1）在例 8.17 中，可以修改字符数组中元素的值，例如这样是可以的：

```
char string[]="I love China!";
string[1]='*';
```

则在执行 printf("%s\n",string); 语句后，结果为：

```
I* love China!
```

而在例 8.18 中，不能通过指针变量 string 修改常量区的字符串 " I love China!"，例如这样是不可以的：

```
char *string="I love China!";
string[1]='*';
```

（2）对字符串指针方式：

```
char *string="I love China!";
```

等价于：

```
char *string;
string=" I love China!";
```

而对数组方式：

```
char string[]="I love China!";
```

不能写为：

```
char string[20]
string={" I love China!"};
```

因为数组名 string 为常量，不能用在赋值号的左边。

例 8.19 写一个函数，求字符串的长度

思路分析：字符串是以 '\0' 结束的一串字符，字符串的长度指不含 '\0' 的字符个数，因此从第一个元素到值为 '\0' 的元素之间相隔的元素个数就是该字符串的长度。

string

I	string[0]
	string[1]
l	string[2]
o	string[3]
v	string[4]
e	string[5]
	string[6]
C	string[7]
h	string[8]
i	string[9]
n	string[10]
a	string[11]
!	string[12]
\0	string[13]

图 8.9 string 数组的元素

```
1   #include <stdio.h>
2   int mystrlen(char *str);              /* 函数声明 */
3   int main(void)
4   {
5       char s[20];
6       int len;
7       printf(" 请输入一个字符串, 以回车符结束输入 \n");
8       gets(s);                        /* 调用 gets() 函数可以读入含空格的字符串 */
9       len=mystrlen(s);                /* 以数组名 s 为实参调用 mystrlen() 函数 */
10      printf(" 该字符串的长度是: %d\n", len);
11      return 0;
12  }
13  /* 本函数的功能是求参数所指向的字符串的长度 */
14  int mystrlen(char *str)              /* 以字符指针 str 为形参 */
15  {
16      char *p=str;
17      while(*p)
18      {
19          p++;
20      }
21       return p-str;
22  }
```

程序运行结果:

请输入一个字符串, 以回车符结束输入
Hello world ↙
该字符串的长度是: 11

程序第 8 行调用 gets() 函数读入一个字符串到数组 s 中。假设输入 "Hello world", 则此时数组 s 如图 8.10 所示。第 9 行调用 mystrlen() 函数时, 进行参数传递, 形参 str 以实参 s 初始化, 参数传递 相当于 char *str = s, 因此程序第 16 行, 当执行 mystrlen() 函数时, str 指向数组 s 的第一个元素。 在程序第 16 行, char *p = str, p 指针指向如图 8.11 所示。执行完程序的第 17~20 行, 退出 while 时, p 指向 '\0', 如图 8.12 所示, 所以, 表达式 p – str 的值就是字符串的长度。

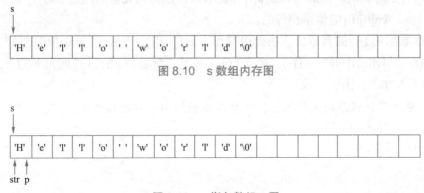

图 8.10　s 数组内存图

图 8.11　p 指向数组 s 图

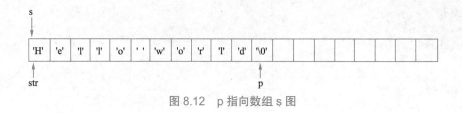

图 8.12 p 指向数组 s 图

8.5 指针与二维数组

视 频

指针与二维
数组 指针
数组

8.5.1 指针与二维数组的关系

二维数组本质上是一维数组的数组。例如，有一个二维数组 a，它有 3 行 4 列。其定义为 int a[3][4] ={{1, 2, 3, 4}, {5, 6, 7, 8}, {9, 10, 11, 12}}。二维数组 a 由三个一维数组组成，这三个一维数组分别称为 a[0]、a[1] 和 a[2]，每个一维数组由 4 个整型元素组成，如图 8.13 所示。

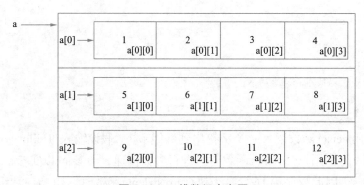

图 8.13 二维数组内存图

a[0] 表示第 0 行第 0 列元素的地址，a[0]+1 表示二维数组 a 的第 0 行第 1 列元素的地址，即 a[0]+1 和 &a[0][1] 是等价的。由此可得出 a[i]+j 表示第 i 行第 j 列元素的地址，a[i]+j 等于 &a[i][j]。a、a[0]、*(a+0)、*a、&a[0][0] 的值是相等的。

a+1 是二维数组第 1 行的首地址，由此可得出：a+i、a[i]、*(a+i)、&a[i][0] 的值是相同的。另外，由 a[i]=*(a+i) 得出 a[i]+j=*(a+i)+j。由于 *(a+i)+j 是二维数组 a 的 i 行 j 列元素的首地址，所以，该元素的值等于 *(*(a+i)+j)。

例 8.20 分析下列程序的运行结果，体会二维数组由一维数组组成。

```
1  #include <stdio.h>
2  int main()
3  {
4      int a[3][4]={0,1,2,3,4,5,6,7,8,9,10,11};
5      printf("%d,",a);
6      printf("%d,",*a);
7      printf("%d,",a[0]);
8      printf("%d,",&a[0]);
```

```
9       printf("%d\n",&a[0][0]);
10      printf("%d,",a+1);
11      printf("%d,",*(a+1));
12      printf("%d,",a[1]);
13      printf("%d\n",&a[1][0]);
14      printf("%d,",a+2);
15      printf("%d,",*(a+2));
16      printf("%d,",a[2]);
17      printf("%d\n",&a[2][0]);
18      printf("%d,",a[1]+1);
19      printf("%d\n",*(a+1)+1);
20      printf("%d,%d\n",*(a[1]+1),*(*(a+1)+1));
21      return 0;
22  }
```

程序运行结果：

```
1638168,1638168,1638168,1638168,1638168
1638184,1638184,1638184,1638184
1638200,1638200,1638200,1638200
1638188,1638188
5,5
```

8.5.2　指向一维数组的指针变量

把二维数组 a 分解为一维数组 a[0]、a[1]、a[2] 之后，设 p 为指向数组的指针变量，可定义为：

```
int (*p)[4]
```

它表示 p 是一个指针变量，它指向包含 4 个元素的一维数组。若指向第一个一维数组 a[0]，其值等于 a、a[0] 或 &a[0][0] 等。而 p+i 则指向一维数组 a[i]。从前面的分析可得出 *(p+i)+j 是二维数组 i 行 j 列的元素的地址，而 *(*(p+i)+j) 则是 i 行 j 列元素的值。

二维数组指针变量说明的一般形式为：

类型说明符 (* 指针变量名) [长度]

其中"类型说明符"为所指数组的数据类型，"*"表示其后的变量是指针类型，"长度"表示二维数组分解为多个一维数组时，一维数组的长度，也就是二维数组的列数，应注意"(* 指针变量名)"两边的括号不可少，如果缺少括号则表示是指针数组，意义就完全不同了。

例 8.21　分析下列程序的结果，体会指向一维数组的指针变量的使用方法。

```
1   #include <stdio.h>
2   int main()
3   {
4       int a[3][4]={1,2,3,4,5,6,7,8,9,10,11,12};
5       int(*p)[4]=a;
6       int i,j;
7       for(i=0;i<3;i++)
8       {
9           for(j=0;j<4;j++)
10          {
```

```
11                printf("%5d",*(*(p+i)+j));
12          }
13          printf("\n");
14      }
15      return 0;
16  }
```

本程序运行结果为：

```
1          2          3          4
5          6          7          8
9          10         11         12
```

在程序的第5行，定义了一个指向一维数组的指针变量p，所以在程序的第11行，p+i表示二维数组a的第i行的首地址，则*(p+i)表示第i行第0列这个元素的地址，*(p+i)+j表示第i行第j列元素的地址，所以*(*(p+i)+j)表示元素a[i][j]。

8.6 指 针 数 组

8.6.1 指针数组

一个数组的元素值为指针则是指针数组，指针数组是一组有序的指针的集合，指针数组的所有元素都必须是具有相同存储类型和指向相同数据类型的指针变量。

指针数组说明的一般形式为：

类型说明符 * 数组名 [数组长度]

其中，类型说明符为指针值所指向的变量的类型。例如：

```
int *pa[3]
```

表示pa是一个指针数组，它有三个数组元素，每个元素值都是一个指针，指向整型变量。

指针数组通常用来处理每行元素个数不同的表。例如：

```
char name[3][10]={"Beijing","Shanghai","Guangzhou"};
```

它表明name是一个表，共有3行，每行16个字符，该表的存储空间一共是48字节，如图8.14所示。

'B'	'e'	'i'	'j'	'i'	'n'	'g'	'\0'	'\0'	'\0'
'S'	'h'	'a'	'n'	'g'	'h'	'a'	'i'	'\0'	'\0'
'G'	'u'	'a'	'n'	'g'	'z'	'h'	'o'	'u'	'\0'

图 8.14 二维字符数组内存图

每个字符串的长度很少是等长的，因此，不必使每行字符数相等，可以用指针来指向变长的字符串。例如：

```
char *name[3]={"Beijing","Shanghai","Guangzhou"};
```

把name声明为含三个元素的数组，该数组的元素类型是字符指针，每个指针指向一个字符串常量，如图8.15所示。

图 8.15 指针数组内存图

上面的声明只需要36字节的存储空间。

注意：

（1）在二维字符数组中，所有空间是连续的，而在指针数组中，指针数组元素的空间是连续的，而指针所指向的对象的空间不一定是连续的。

（2）int *p[3] 和 int (*p)[3] 的区别：int *p[3] 表示定义一个含三个元素的数组p，数组元素的类型是整型指针；int (*p)[3] 表示定义一个指针，该指针指向含三个元素的整型数组。

例8.22 输入五个国名并按字母顺序排列后输出。

```c
1  #include <string.h>
2  #include <stdio.h>
3  void sort(char *name[],int n)
4  {
5      char *temp;
6      int i,j;
7      for(i=0;i<n-1;i++)
8      {
9          for(j=0;j<=n-i-2;j++)
10         {
11             if(strcmp(name[j],name[j+1])>0)
12             {
13                 temp=name[j];
14                 name[j]=name[j+1];
15                 name[j+1]=temp;
16             }
17         }
18     }
19 }
20 void print(char *name[],int n)
21 {
22     int i;
23     for(i=0;i<n;i++)
24     {
25         printf("%s\n",name[i]);
26     }
27 }
28 int main()
```

```
29  {
30      char *name[]={ "CHINA","AMERICA","AUSTRALIA","FRANCE","GERMAN"};
31      int n=5;
32      sort(name,n);
33      print(name,n);
34      return 0;
35  }
```

程序运行结果：

```
AMERICA
AUSTRALIA
CHINA
FRANCE
GERMAN
```

本程序定义了两个函数：sort() 函数用于完成排序，其形参为指针数组 name，即为待排序的各字符串数组的指针，形参 n 为字符串的个数；print() 函数用于排序后字符串的输出，其形参与 sort() 函数的形参相同。主函数 main() 中，定义了指针数组 name 并作了初始化赋值。然后分别调用 sort() 函数和 print() 函数完成排序和输出。在程序的第 11 行，采用了 strcmp() 函数对两个字符串进行比较，由于 name[j] 和 name[j+1] 均为指针，因此是合法的。字符串比较后需要交换时，只交换指针数组元素的值，而不必交换字符串本身，这样将大大减少时间的开销，提高了运行效率。

8.6.2　指向指针的指针

如果一个指针变量存放的是另一个指针变量的地址，则称这个指针变量为指向指针的指针变量。

定义一个指向指针型数据的指针变量的方法如下：

```
char  **p;
```

p 前面有两个 * 号，相当于 *(*p)，显然 *p 是指针变量的定义形式，如果没有最前面的 *，那就是定义了一个指向字符数据的指针变量，现在它前面又有一个 * 号，表示指针变量 p 是指向一个字符指针型变量的指针变量。

例 8.23　分析下列程序的结果，体会使用指向指针的指针。

```
1   #include <stdio.h>
2   int main()
3   {
4       char *name[]={"Follow me","BASIC","Great Wall","FORTRAN","Computer design"};
5       char **p;
6       int i;
7       for(i=0;i<5;i++)
8       {
9           p=name+i;
10          printf("%s\n",*p);
11      }
12  }
```

程序运行结果：

Follow me
BASIC
Great Wall
FORTRAN
Computer design

程序的第4行定义了一个指针数组，name代表该指针数组的首地址，它的每个元素是一个指针型数据。name+i是name[i]的地址。name+i就是指向指针型数据的指针（地址）。在程序的第5行，定义了一个指向指针型数据的指针变量，在程序的第9行，将地址name+i存储在指向指针的指针变量p中，在程序的第10行，当p=name+i后，*p则表示name[i]，即每个字符串的首地址。

习　题

一、选择题

1. 有以下程序

```
void  main()
{
    int a=1,b=3,c=5;
    int *p1=&a,*p2=&b,*p=&c;
    *p=*p1*(*p2);
    printf("%d\n",c);
}
```

执行后的输出结果是（　　）。

　　A. 1　　　　　B. 2　　　　　C. 3　　　　　D. 4

2. 若已定义 x 为 int 类型变量，下列语句中说明指针变量 p 的正确语句是（　　）。

　　A. int p=&x;　　B. int *p=x;　　C. int *p=&x;　　D. *p=*x;

3. 以下程序运行的结果是（　　）。

```
void prt (int *x,int*y,int*z){ printf("%d,%d,%d\n",++*x,++*y,*(z++));}
void main()
{   int a=10,b=40,c=20;
    prt(&a,&b,&c);
    prt(&a,&b,&c);
}
```

　　A.　11,42, 31　　　B.　11,41,20　　　C.　11,21,40　　　D.　11,41,21
　　　　12,22,41　　　　　12,42,20　　　　　11,21,21　　　　　12,42,22

4. 以下程序运行的结果是（　　）。

```
void fun(char *t,char *s)
{
    while(*t!=0)t++;
    while((*t++=*s++)!=0);
}
```

```
void main()
{
    char ss[10]="acc",aa[10]="bbxxyy";
    fun(ss,aa);
    printf("%s,%s\n",ss,aa);
}
```

    A. accxyy , bbxxyy   B. acc, bbxxyy

    C. accxxyy,bbxxyy   D. accbbxxyy,bbxxyy

5. 已知如下 fun() 函数

```
int fun(int *a,int n)
{
    int i,j=0,p;
    p=j;
    for(i=j;i<n;i++)
        if(a[i]>a[p])
            p=i;
    return  p;
}
```

该函数的功能是（   ）。

    A. 求出数组中最小的数组元素值   B. 求出数组中最小的数组元素所在下标

    C. 求出数组中最大的数组元素值   D. 求出数组中最大的数组元素所在下标

6. 若有下列定义，则对 a 数组元素地址的正确引用是（   ）。

```
int a[5],*p=a;
```

    A. *(p+5)   B.*p+2   C.*(a+2)   D.*&a[5]

7. 若有定义：int a[9],*p=a;，并在以后的语句中未改变 p 的值，则不能表示 a[1] 地址的表达式是（   ）。

    A. p+1   B. a+1   C. a++   D. ++p

8. 若有定义：char a[5],*p=a;，则下面正确的赋值语句是（   ）。

    A. p="abcd";   B. a="abcd";   C. *p="abcd";   D. *a="abcd";

9. 下列程序执行后的输出结果是（   ）。

```
void main()
{
    int a[3][3],*p,i;
    p=&a[0][0];
    for(i=1;i<9;i++)  p[i]=i+1;
    printf("%d \ n",a[1][2]);
}
```

    A. 3   B. 6   C. 9   D. 随机数

10. 若有定义：int a[2][3], (*pt)[3]; pt=a;，则对 a 数组元素非法引用的是（   ）。

    A. pt[0][0]   B. *(pt+1)[2]   C. *(pt[1]+2)   D. *(a[0]+2)

11. 设有以下语句，若 0<k<4，下列对字符串非法引用的是（　　）。

```
char str[4][2]={"aaa","bbb","ccc","ddd"},*strp[4];
int  j;
for(j=0;j<4;j++)
    strp[j]=str[j];
```

　　　A. strp　　　　　　B. str[k]　　　　　C. strp[k]　　　　　D. *strp

12. 若有定义：int a[][]={{1,2},{3,4}}; 则 *(a+1)、*(*a+1) 的含义分别为（　　）。

　　　A. 非法、2　　　B. &a[1][0]、2　　C. &a[0][1]、3　　D. a[0][0]、4

13. 以下程序段的输出结果是（　　）。

```
char *alp[]={"ABC","DEF","GHI"}; int j; puts(alp[1]);
```

　　　A. A　　　　　　　B. B　　　　　　　C. D　　　　　　　D. DEF

14. 设有定义：char *aa[2]={"abcd","ABCD"};，则下列说法正确的是（　　）。

　　　A. aa 数组元素的值分别是 "abcd" 和 "ABCD"

　　　B. aa 是指针变量，它指向含有两个数组元素的字符型一维数组

　　　C. aa 数组的两个元素分别存放的是含有 4 个字符的一维字符数组的首地址

　　　D. aa 数组的两个元素中各自存放了字符 'a' 和 'A' 的地址

15. 以下函数返回 a 所指数组中最大值所在的下标值

```
fun(int *a,int n)
{   int i,j=0,p;
    p=j;
    for(i=j;i<n;i++)
    if(a[i]>a[p])_____;
    return(p);
}
```

在下横线处应填入的内容是（　　）。

　　　A. i=p　　　　　　B. a[p]=a[i]　　　　C. p=j　　　　　　D. p=i

二、编程题

1. 从键盘输入一个字符串，编程将其字符顺序颠倒后重新存放，并输出这个字符串。

2. 定义一个函数，用指针变量作参数，求 10 个整数的最大值和最小值，在主函数中输入 10 个整数，并在主函数中输出最大和最小值。

3. 编写函数，使用指针变量作函数参数，实现 strlen() 函数的功能。

第9章
结构体和枚举类型

迄今为止，已经介绍了C语言中所提供的基本数据类型及其变量的定义和使用方法，也介绍了一种构造数据类型——数组。但是，在程序设计中的许多情况中，只有这些基本数据类型变量甚至数组是不够的。在实际问题中，一组数据往往具有不同的数据类型，这些数据之间是互相联系的，需要将这些不同类型的数据组合成一个有机整体，用以描述现实世界中的各种实体，同时方便数据的引用。

和数组、指针一样，结构体类型也是一种构造数据类型，允许程序员把一些数据分量聚合成一个整体，这些数据分量称为结构体成员，可以是C语言中的任意数据变量类型。

9.1 概 述

以描述学生实体为例，对结构体类型概念做出更进一步详细说明。例如，在学生登记表中，姓名应定义为字符型数组；学号可定义为整型或字符型数组；年龄定义为整型；性别定义为字符型数组；成绩可定义为整型或实型。这些不同类型的数据组合在一起才能描述"学生"实体，见表9.1。

表 9.1 "学生"实体

姓名 （name）	学号 （stuNo）	性别 （gender）	年龄 （age）	四门课程成绩（score）			
				数学 （score[0]）	语文 （score[1]）	物理 （score[2]）	英语 （score[3]）
字符串	字符串	字符型	整型	实型数组元素	实型数组元素	实型数组元素	实型数组元素
Liu Ming	20221032421	M	21	93.5	87.4	92.5	83.4
Wang Fang	20213697574	F	22	83.5	92.4	89.2	71.5
Chen Fun	20203693778	M	23	89.5	77.3	96.6	84.8

从表9.1中可以看到，描述了三个姓名分别为Liu Ming、Wang Fang、Chen Fun的学生实体，每个学生实体对应一条记录，它们都有一个与之相关的几个数据项：姓名、性别、年龄以及四门课程成绩。显然不能只用一个数组来存放这一组数据，因为数组中各元素的类型和长度都必须一致，以便于编译系统处理。

为了解决这个问题，C语言中给出了另一种构造数据类型——"结构（structure）"，又称"结构体"。"结构"是一种可由用户自己定义的构造数据类型，它是由若干"成员"组成的。每个成员可以是一个基本数据类型或者又是一个构造类型。

　　C语言提供的结构体数据类型允许用户自己制定这样一种数据结构，即把若干类型不同的数据组合在一起形成数据组合项，这个组合项中包含若干个类型不同（当然也可以相同）的数据项。结构体是一种较为复杂但却非常灵活的用户自定义构造型数据类型；组合在一个结构体类型中的若干成分——如姓名、性别等，称为结构体类型的成员（member），或域（field）。根据实际编程需要，对于不同结构体类型，程序员需要自己定义出不同数据类型的成员构成。结构体类型一旦声明出来之后，其中定义的成员数量就不能再更改。

9.2　结构体类型的声明

　　C语言中不会提供用户所需要的各种结构体数据类型，所以需要程序员根据实际需要，必须在使用之前，根据构造体声明规范，"构造"出新的数据类型，即结构体声明（structure declaration），如同使用变量之前要先声明变量一样，结构体在使用前也要先声明。声明一个结构类型的语法格式为：

```
struct [结构体名]
{
    // 成员列表
    类型名1    结构成员名表1;
    类型名2    结构成员名表2;
    …
    类型名n    结构成员名表n;
};
```

　　其中：

　　（1）关键字struct不能省略，这是声明结构体类型的标志。

　　（2）结构类型名为用户自定义的标识符，在定义结构体变量时可省略。

　　（3）一对花括号括起来的是结构体中的各个成员列表。

　　（4）每个成员都用自己的声明来描述，成员数据类型可以是任意一种C语言提供的基本数据类型，或其他构造数据类型。

　　（5）右花括号后面的分号是声明所必需的，表示结构体类型声明的结束，不能省略。

　　例如，对前面描述的学生student实体的结构体声明如下：

```
struct student
{
    char name[12];
    char gender;
    int age;
    float sc[4];
};
```

　　这段代码声明了一个描述学生相关信息的构造数据类型，类型名为：struct student。结构体声明只描述了该结构的组成情况（又称类型模板），并未创建实际的数据对象，此时，编译程序不会为其分配存储空间。

除此之外，C语言还允许用关键字typedef定义一种新的类型名来代替已有的类型名。typedef定义新类型名的一般形式为：

```
typedef  struct[结构体名]
{
    类型标识符1 成员名1;
    类型标识符2 成员名2;
    …
    类型标识符n 成员名n;
} 新类型标识符;
```

其中，新类型标识一般用大写表示，以便于区别。例如，用typedef声明学生student实体的结构体类型如下：

```
typedef struct student
{
    char name[12];
    char gender;
    int age;
    float sc[4];
}STUDENT;
```

此时，声明的学生实体结构体类型名即为STUDENT，与类型名struct student等价。

9.3 定义结构体变量

9.3.1 结构体变量的定义

结构体类型声明只是指定了一个结构体类型，其中并没有具体数据，系统也不会为之分配内存单元，相当于描述了一种数据模型，表示这种用户自己定义出来的复合数据类型和系统提供的标准类型（如int、float等）一样具有同样的地位和作用，可以用来定义变量。只有在定义了结构体变量后，系统才会分配内存单元给变量。

C语言中既可以在说明语句中用已定义的结构类型定义结构体变量（数据对象），也可以在声明结构类型的同时定义结构体变量。定义出结构体类型后，使用结构体变量、结构体数组或结构体指针变量之前，必须由用户先定义出这些变量，然后编译系统才会根据已经定义好的结构体类型和变量定义，为结构体变量开辟内存空间，存放具体的数据。可以采用以下三种方式定义结构体类型的变量。以之前定义的结构体struct student为例加以说明。

1. 先声明结构体类型，再定义结构体变量

这是标准方式，即数据类型定义与结构体变量的声明分离，其语法格式如下：

```
struct   结构体名   变量名表;
```

其主要语法成分解释如下：

（1）结构体名：必须是程序中已定义的，或出现在某个头文件中的结构体类型，后者必须在

本程序中用 include 命令包含。

（2）变量名表：列出 n 个同类型的结构体变量名，可以是一般变量、指针变量、数组等，变量名之间用逗号分隔。例如：

```
struct student s1,s2;
```

其中，struct student 为用户自定义的结构体类型名，s1 和 s2 分别为由该类型定义的两个变量。结构体类型定义完成之后，struct student 就是用户自己指定的一个新的数据类型名，类似于 int、float、double 等基本数据类型说明符，然后再用 struct student 类型说明符定义两个该结构体类型的变量 s1 和 s2。定义结构体变量，是结构体类型的实例化，之前定义的 struct student 是抽象的，泛指所有的学生，而由结构体类型 struct student 创建的结构体变量 s1 则是具体的，特指某个学生。

除此之外，通过关键字 typedef 声明的结构体类型 STUDENT 也可以用于定义结构体变量，例如：

```
STUDENT s1,s2;
```

在定义了结构体变量后，系统会为其分配内存空间。结构体变量 s1 所占内存空间示意图如图 9.1 所示。

结构体变量中的各个成员在内存中按照类型说明的顺序依次排列。对于大多数计算机而言，需要所有的数据类型满足"内存地址对齐"的要求，即按照一定的边界（如半字、字或双字边界）来存储不同类型的变量（与具体机器有关），以便提高内存访问效率。所以在计算结构体变量所占内存字节数时，不能对各成员类型所占字节数进行简单求和的方式计算字节数，而应使用 sizeof 运算符计算结构体类型的长度（字节数）。例如：printf("%d",sizeof(struct student));，输出结果为 36，即 struct student 结构体类型变量在内存中需要使用 36 字节大小内存空间存储。

2. 声明结构体类型的同时定义结构变量

这种定义方法的一般形式为：

```
struct 结构体名
{
    成员表列;
} 变量名表列;
```

例如：

```
struct student
{
    char name[12];
    char gender;
    int age;
    float sc[4];
}s1,s2;
```

这段代码和第一种方法相同，即定义了两个 struct student 类型的变量 s1 和 s2。

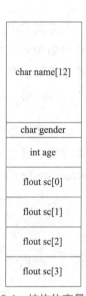

图 9.1 结构体变量 s1
所占内存空间示意图

3. 声明一个无名结构体类型的同时，直接进行定义

这种定义方法的一般形式为：

```
struct
{
    成员表列；
} 变量名表列；
```

例如：

```
struct
{
    char   name[12];
    char   gender;
    int    age;
    float  sc[4];
}s1,s2;
```

该方式与第二种方式的区别在于：它并没有给出结构类型名，"无名"的结构类型必须在其后紧跟结构变量的定义，因此所定义的结构类型不能在程序中多次使用，显然通用性不强。这种形式通常用于内嵌在结构类型中的结构类型。

9.3.2　结构体类型的嵌套定义

结构体类型可以嵌套定义。所谓嵌套定义是指在一个结构体类型中可以包含另一个或一些结构体类型，通常用于结构体类型的成员是一个结构体变量的场合。例如，将前面定义的结构体类型 struct student 里面的第三个成员年龄 age 改为出生日期。则对应的结构体类型为：

```
struct student
{
    char   name[12];
    char   gender;
    struct date
    {
        int  year;
        int  month;
        int  day;
    }birthday;
    float  sc[4];
};
```

可以看出，成员 birthday 的类型又是结构体类型：struct date，用于描述日期的构造类型。这种方式在结构体成员嵌套定义的同时，声明 struct student 结构体类型的变量。也可以先声明一个 struct date 结构体类型，然后在声明 struct student 类型时，将成员 birthday 指定为 struct date 类型。如下代码所示：

```
struct date
{
    int  year;
    int  month;
    int  day;
};
```

```
struct student
{
    char   name[12];
    char   gender;
    struct date  birthday;
    float   sc[4];
};
```

9.3.3　结构体变量的初始化

类似其他基本数据类型变量在定义的同时可以赋初始值（如 int a=12;），对结构体变量也可以在定义的同时指定初始值，主要有以下三种方式。

1. 形式一

```
struct 结构体名
{
    类型标识符 成员名1;
    类型标识符 成员名2;
    …
};
struct  结构体名  结构体变量={ 初始数据 };
```

例如，对前面定义的 **struct student** 结构体类型变量 s2 赋初始值，所赋初值顺序放在一对花括号中。代码如下：

```
struct student
{
    char name[12];
    char gender;
    struct date birthday;
    float sc[4]
};
struct student s1, s2={"Li Ming",'M',2002,5,10,88.3,98.6,85.5,90.0};
```

结构体变量 birthday 中各成员的初始值

2. 形式二

```
struct 结构体名
{
    类型标识符 成员名1;
    类型标识符 成员名2;
    …
} 结构体变量={ 初始数据 };
```

例如：

```
struct student
{
    char name[12];
    char gender;
    struct date birthday;
    float sc[4]
} std={"Li Ming",'M',2002,5,10,88.3,98.6,85.5,90.0};
```

或者，可以对其中部分成员赋初始值，如下代码所示：

```
struct student
{
    char name[12];
    char gender;
    struct date birthday;
    float sc[4]
}std={"Li Ming",'M'};
```

初始化之后，结构体变量 std 的前两个成员姓名赋初始值为字符串 "Li Ming"，性别为字符 'M'，其余成员的初始值设定为默认值：0 0 0 0.0 0.0 0.0。需要注意的是，这种情况下，不允许跳过前面的成员给后面的成员赋初值。

3. 形式三

```
struct
{
    类型标识符 成员名 ;
    类型标识符 成员名 ;
    ...
} 结构体变量 ={ 初始数据 };
```

例如：

```
struct
{
    char name[12];
    char gender;
    struct date birthday;
    float sc[4]
} std={"Li Ming",'M',2002,5,10,88.3,98.6,85.5,90.0};
```

9.3.4　结构体变量的引用

在程序中使用结构体变量时，往往不能把它作为一个整体来使用。在 ANSI C 中除了允许具有相同类型的结构体变量相互赋值以外，一般对结构体变量的使用，包括赋值、输入、输出、运算等都是通过结构体变量的成员来实现的，这些操作统称为对结构体成员的访问。

1. 引用结构体变量中的一个成员

要访问结构体变量的某一个成员时，必须同时给出这个成员所属的变量及要访问的成员名，引用方式为：

```
结构体变量名 . 成员名 ;
```

这里，"."为点运算符，一般称为成员（域）访问运算符，其优先级为 1，结合性为从左向右。例如，定义的结构体变量 struct student s1，对其成员 age 的使用可以表示为 s1.age；对其某一门课程的访问可以表示为 s1.sc[0]。

2. 结构体嵌套时应逐级引用

如果成员本身又是一个结构体类型数据，则必须逐级找到最低级的成员才能使用。例如，s1.birthday.month++;，此时，结构体变量 struct student s1 中出生日期的月份成员可以在程序中单独使用，与普通变量完全相同。

3. 相同类型的结构体变量间可直接赋值

例如：

```
struct
{
    char name[12];
    char gender;
    struct date birthday;
    float sc[4]
}s1,s2={"Li Ming",'M',2002,5,10,88.3,98.6,85.5,90.0};
s1=s2;
```

相同类型结构体变量之间可进行整体赋值，所以 s1=s2; 是正确的赋值，执行该赋值语句后，结构体变量 s1 就具有了和 s2 一样的初始值。注意：必须保证赋值符号两边结构体变量类型一致。

4. 不允许将一个结构体变量作为一个整体进行输入 / 输出或直接用一组常量赋值

例如，s2={"lili",18,M,12,15,1998,01001,89}; 是错误的。

例 9.1　结构体变量成员引用示例。

```
1  #include <stdio.h>
2  int main()
3  {
4      struct student
5      {
6          char name[12];
7          char gender;
8          struct  date
9          {
10             int month;
11             int day;
12             int year;
13         }birthday;
14         int age ;
15         float sc[4];
16     }std;
17
18     scanf("%s,%c,%d,%d,%d,%d",&std);            /* 错误 */
19     scanf("%d,%f",&std.age,&std.sc[0]);
20     scanf("%s",std.name);
21     std.name="Li Ming";                         /* 错误 */
22     std.birthday.month=12;
23     std.birthday.year++;
24     return 0;
25 }
```

本例代码中，第 18 行为错误语句，不能直接使用结构变量整体进行输入/输出。第 19 行代码正确，将 std 变量中的 age 和 sc 数组第一个元素的地址作为参数传递给 scanf() 函数，以输入数据。第 20 行代码正确，完成对结构体中姓名的输入。第 21 行代码错误，因为成员 name 是字符数组，不能直接用赋值语句赋字符串。第 22 行代码正确，结构体成员本身又是一个结构体类型，则需要找到最低一级的成员。第 23 行代码正确，表示引用 std 变量中的 birthday 中的 year 值，并对其进行自加操作。

9.4　结构体数组

结构体类型的数据对象包括一般变量、指针、数组等，对应称为结构体变量、结构体指针、结构体数组等。下面介绍结构体数组的定义、初始化及使用，下一节介绍结构体指针的定义和使用。

9.4.1　结构体数组的定义

一个结构体变量中可以存放有关实体的一组数据项，如一个学生实体的姓名、性别、成绩、出生日期等。如果有若干个学生实体的数据需要创建并存储使用，则可以通过定义结构体数组的方式进行操作。结构体数组是基类型为结构体类型的数组，它既有结构体变量的属性，又具有数组的属性，这样对于成批的结构化数据（如学生数据、职工数据或其他复合数据），既便于表示和存储又便于采用循环语句实现重复处理。定义结构体数组的方法和之前在 9.3 节介绍的定义结构体一般变量的形式一致，其使用方式与其他数据类型相同。下面介绍结构体数组的几种定义形式：

1. 先声明结构体类型，再定义结构体数组

```
struct student
{
    char name[12];
    char gender;
    struct date birthday;
    float sc[4]
};
struct student stu[3];
```

这里，定义了一个结构体类型 struct student 的数组，数组名为 stu，数组中有三个元素，每个元素都是一个结构体类型的数据。该数组元素在内存空间中的示意图如图 9.2 所示。

	name[12]	gender	struct date birthday			sc[0]	sc[1]	sc[2]	sc[3]
			year	month	day				
stu[0]									
stu[1]									
stu[2]									

图 9.2　结构体数组元素在内存中示意图

2. 在声明结构体类型的同时定义结构体数组

```
struct student
{
    char name[12];
    char gender;
    struct date birthday;
    float sc[4]
}stu[3];
```

3. 直接定义结构体数组

```
struct
{
    char name[12];
    char gender;
    struct date birthday;
    float sc[4]
}stu[3];
```

9.4.2　结构体数组的初始化

这里只讨论一维结构体数组的初始化。与一般数组一样，在定义结构体数组的同时，可以给其全部或部分元素赋初值，初值包含在初始化值表中。

初始化值表形如：{{…},{…},…,{…}}，它包含 N 个初始化数据子表，即包含 N 个结构体常量，它们是数组 N 个元素（结构体变量）的初值。

例如，对如下结构体数组的初始化：

```
struct student
{
    char name[12];
    char gender;
    struct date birthday;
    float sc[4]
}stu[3];
struct student stu[3]={ {"Li Lin",'M',2001,8,1,88.3,98.6,85.5,90.0},
                        {"Zhao Pin",'F',2002,4,9,93.4,85.3,92.5,73.5},
                        {"Chen Meng",'M',2003,7,12,96.5,91.6,88.5,90.0}
                      };
```

编译程序用初始化表的第一个子表中的数据 {"Li Lin",'M',2001,8,1,88.3,98.6,85.5,90.0} 来初始化数组的第一个元素 stu[0]，用该表的第二个子表中的数据 {"Zhao Pin", 'F',2002,4,9,93.4,85.3,92.5,73.5} 来初始化数组的第二个元素 stu[1]，用该表的第三个子表中的数据 {"Chen Meng",'M',2003,7,12,96.5,91.6,88.5,90.0} 来初始化数组的第三个元素 stu[2]。另外，当初始化值是按顺序定义时，内层子表的括号可以省略。

当定义结构体数组的说明语句中包含初始化值表时，数组的长度说明可以省略，编译程序自动取初始化值表中的元素个数作为数组的元素个数。例如：

```
struct student stu[]={ {"Li Lin",'M',2001,8,1,88.3,98.6,85.5,90.0},
                       {"Zhao Pin",'F',2002,4,9,93.4,85.3,92.5,73.5}
                     };
```

这里，虽然数组的长度说明被省略了，但是编译程序会根据初始化值表的元素个数认定该数组具有 2 个元素。这与之前章节介绍的数组初始化是相同的。

例9.2　使用结构体数组，实现候选人选票的统计。

```
1  #include <stdio.h>
2  #include <string.h>
```

```
3   struct person
4   {
5       char name[20];
6       int count;
7   }leader[3]={"Li",0,"Zhang",0,"Wang",0};
8   int main()
9   {
10      int i,j;
11      char leader_name[20];
12      for(i=1;i<=10;i++)
13      {
14          printf("请输入候选人姓名：\n");
15          scanf("%s",leader_name);
16          for(j=0;j<3;j++)
17              if(strcmp(leader_name,leader[j].name)==0)
18                  leader[j].count++;
19      }
20      printf("\n");
21      for(i=0;i<3;i++)
22          printf("%5s:%d\n",leader[i].name,leader[i].count);
23      return 0;
24  }
```

程序运行结果：

请输入候选人姓名：
Li ↙
请输入候选人姓名：
Wang ↙
请输入候选人姓名：
Wang ↙
请输入候选人姓名：
Zhang ↙
请输入候选人姓名：
Li ↙
请输入候选人姓名：
Li ↙
请输入候选人姓名：
Wang ↙
请输入候选人姓名：
Wang ↙
请输入候选人姓名：
Li ↙
请输入候选人姓名：
Zhang ↙

   Li:4
Zhang:2
 Wang:4

注意：

（1）结构体数组元素成员可以像基本变量那样使用，如赋值、输出、计算等，统称为结构体数组元素成员的访问。

（2）不能将结构体数组元素作为一个整体进行输入或输出，但可以将结构数组元素作为一个整体进行赋值操作。

例如，printf("%d", leader[0]); 或 scanf("%d",&leader[0]); 均是错误的，因为 learder[0] 是一个结构体变量，其中包括若干个成员，只能对其中的单个成员进行输入/输出。

9.5　指向结构体类型变量的指针

9.5.1　结构体指针变量的定义和初始化

视 频 ●
结构体（二）

当一个指针变量用来指向一个结构体变量时，称为结构体指针变量。结构体指针变量的值就是所指向的结构体变量在内存单元中的首地址。定义结构体指针变量的一般形式为：

```
struct   结构体名   *结构体指针变量名；
```

例如：

```
struct student
{
    char name[12];
    char gender;
    int age;
    float sc[4];
} std, *pstd;
struct student *p=&std;
pstd=p;
```

上述程序段中定义了 3 个 struct student 结构体类型变量，分别是一般结构体变量 std，两个结构体指针变量 p 和 pstd。这两个指针变量可以存放指向任何一个类型为 struct student 的结构体变量在内存中的起始地址，指向该结构体变量。

与前面讨论的各类指针变量相同，结构体指针变量也必须要先赋值后才能使用。执行 struct student *p=&std; 和 pstd=p; 这两条指针变量初始化语句之后，结构体指针变量 p 和 pstd 都被赋值结构体变量 std 的首地址，指向变量 std 内存空间，如图 9.3 所示。

图 9.3　结构体变量指针内存示意图

9.5.2　通过结构体指针变量引用结构变量成员

通过结构体指针访问所指结构体变量的某个成员时，有两种方法：

（1）第一种格式如下：

`(* 结构体指针变量 ) . 成员名`

例如，要通过指针变量 pstd 访问结构体中的 age 成员，可以使用如下语句：

`(*pstd) . age;`

该语句首先运算括号中的 *pstd，计算得到指针变量 pstd 所指向的结构体变量 std，然后执行成员运算符 "."，即等价于 std.age;。

注意：表达式 (*pstd) 两侧的括号不可少，因为成员运算符 "." 的优先级高于指针运算符 "*"，若去掉括号写作 *pstd.age 则等效于 *(pstd.age);，这样，意义就完全不对了。

如果是对结构体变量中的嵌套结构体成员进行访问，则使用如下语句形式：

`(*pstd).birthday.year;`

（2）第二种格式如下：

`结构体指针变量 -> 成员名`

在 C 语言中，为了使用方便，访问 pstd 所指向的结构体变量中的 age 成员可以使用语句 pstd->age;，该语句与 (*pstd). age;语句等价。

箭头 "->" 为结构指向运算符，其优先级和结构体成员运算符 "." 一样，结合方向为从左向右。在使用结构体指针访问成员时，通常使用该运算符。

如果是对结构体变量中的嵌套结构体成员进行访问，则使用如下语句形式：

`pstd->birthday.year;`

注意：因为结构体类型成员 birthday 不是指针变量，所以必须用成员运算符 "." 访问其成员 year，而不能使用 "->" 运算符。

9.5.3　指针变量作为结构成员

结构变量的成员可以是任何一种数据类型指针变量。举例如下：

例 9.3　指针变量作结构体变量的成员。

```
1  #include <stdio.h>
2  struct student                    /* 定义结构体类型 */
3  {
4      int number;
5      char *name;                   /* 成员 name 为指针变量，可以指向一个字符串 */
6  };
7  int main()
8  {
9      struct student stu={1101,"LiMing"};    /* 定义结构体变量并对其进行初始化 */
10     printf("%s\n",stu.name);               /* 输出 stu 成员 */
11     return 0;
12 }
```

程序运行结果：

```
LiMing
```

注意：在完成了对 stu 数组的初始化后，name 指向字符串 "LiMing"。如果没有之前的初始化，则 name 的指向是不确定的，不可用。

9.5.4　指向结构体数组的指针

可以定义一个结构体指针指向一个结构体数组，利用该指针变量访问结构体数组的元素。结构体数组及其元素可用指针变量来指向数组首地址，可以把数组名赋值给指向结构体类型的指针变量，此时结构体指针变量指向数组首地址，当指针变量增 1 时，指向下一个数组元素。另外，也可以将结构体数组中某个元素地址赋值给结构体指针变量，这时结构体指针变量的值是该结构体数组元素的首地址。例如：

```
struct A
{
    int a;
    float b;
}arr[3],*p;
p=arr;
```

此时，指针变量 p 就指向 arr 数组，即指向数组首地址或数组中第一个元素的首地址，如图 9.4（a）所示。当指针变量增 1 时，指向下一个数组元素，所以若执行赋值操作 p=p+1，p 指针将向下移动指向数组中的第二个元素首地址，即 arr[1]，如图 9.4（b）所示。特别要注意的是，p 加 1 意味着 p 所增加的值为结构体数组 arr 的一个元素所占的字节数。

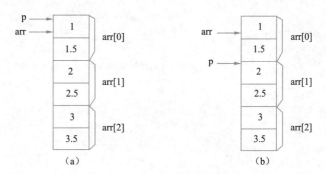

图 9.4　指向结构体数组的指针

例 9.4　指向结构体数组的指针的使用。

```
1  #include <stdio.h>
2  struct s
3  {
4      int x;
5      int y;
6  }data[4]={10,100,20,200,30,300,40,400};
7  int main()
```

```
8   {
9       struct s   *pointer=data;
10      printf("%d\n",++pointer->x);
11      printf("%d\n",(++pointer)->y);
12      printf("%d\n",(pointer++)->x);
13      printf("%d\n",(pointer)->y++);
14      return 0;
15  }
```

程序运行结果：

```
11
200
20
300
```

例 9.5　指向结构体数组的指针的应用。

```
1   #include <stdio.h>
2   struct student
3   {
4       int num;
5       char name[20];
6       char sex;
7       int age;
8   } stu[3]={{10101,"Li Lin",'M',18},
9             {10102,"Zhang Fun",'M',19},
10            {10104,"Wang Min",'F',20}
11           };
12  int main()
13  {
14      struct student *p;
15      for(p=stu;p<stu+3;p++)
16          printf("%d %s %c %d \n",p->num,p->name,p->sex,p->age);
17      return 0;
18  }
```

程序输出结果：

```
10101 Li Lin M 18
10102 Zhang Fun M 19
10104 Wang Min F 20
```

9.5.5　向函数传递结构体变量的值

用结构体变量和指向结构体的指针作函数参数将一个结构体变量的值传递给另一个函数，方法有如下三种。

1. 用结构体变量的成员作函数实参——值传递

此时，需要注意形参和实参的类型要一致。

例9.6　用结构体变量的成员作函数实参

```
1  #include <stdio.h>
2  struct student
3  {
4      int num;
5      char name[20];
6      char sex;
7      int age;
8  } stu[3]={
9          {10101,"Li Lin",'M',18},
10          {10102,"Zhang Fun",'M',19},
11          {10104,"Wang Min",'F',20}
12          };
13  void  printStudent(int num,char *name,int age)
14  {
15      printf("num=%d  name=%s age=%d",num,name,age);
16      printf("\n");
17  }
18  int main()
19  {
20      struct student *p;
21      for(p=stu;p<stu+3;p++)
22          printStudent(p->num,p->name,p->age);
23      return 0;
24  }
```

程序运行结果：

```
num=10101   name=Li Lin age=18
num=10102   name=Zhang Fun age=19
num=10104   name=Wang Min age=20
```

2. 用结构体变量作参数——多值传递，效率低

虽然在 ANSI C标准中允许用结构体变量作函数参数进行整体传送，但是这种传送要将全部成员逐个传送，如果结构体的成员较多，占的空间较大，则传递的字节数就多，严重降低了程序的执行效率。为了提高传递效率，建议通过指针将结构体变量所占的内存单元的内容全部顺序传递给形参。此时，要求形参与实参同类型。函数调用是单值传递，且形参占用内存单元，若形参的值被改变，不会返回主调函数。

例9.7　结构体变量 stu 有学号、姓名和三门课成绩，在 main() 函数中赋值，在 print() 函数中打印输出。

```
1  #include <stdio.h>
2  #include <string.h>
3  #define FORMAT   "%d\n%s\n%f\n%f\n%f\n"
4  struct student                            /* 定义为外部结构体类型 */
5  {
6      int num;
7      char name[20];
```

```
 8      float score[3];
 9  };
10  int main()
11  {
12      void printStudent(struct student);
13      struct student stu;                      /* 定义为局部结构体类型变量 */
14      stu.num=12345;
15      strcpy(stu.name,"Li Ming");
16      stu.score[0]=67.5;
17      stu.score[1]=89;
18      stu.score[2]=78.6;
19      printStudent(stu);                       /* 结构体变量作实参 */
20      return 0;
21  }
22  void  printStudent(struct student stu)
23  {
24      printf(FORMAT,stu.num,stu.name,stu.score[0],stu.score[1],stu.score[2]);
25      printf("\n");
26  }
```

程序运行结果：

```
12345
Li Ming
67.500000
89.000000
78.599998
```

3. 用指向结构体变量或数组的指针作实参——地址传递

此时，传递的是结构体变量的地址。

例 9.8　计算一组学生的平均成绩和不及格人数。用结构体指针变量作函数参数编程。

```
 1  #include <stdio.h>
 2  struct stu
 3  {
 4      int num;
 5      char *name;
 6      char sex;
 7       float score;
 8  }boy[5]={
 9          {101,"Li ping",'M',45},
10          {102,"Zhang ping",'M',62.5},
11          {103,"He fang",'F',92.5},
12          {104,"Cheng ling",'F',87},
13          {105,"Wang ming",'M',58},
14          };
15  int main()
16  {
17      struct stu *ps;
18      void ave(struct stu *ps);
19      ps=boy;
```

```
20      ave(ps);
21  }
22  void ave(struct stu *ps)
23  {
24      int c=0,i;
25      float ave,s=0;
26      for(i=0;i<5;i++,ps++)
27      {
28          s+=ps->score;
29          if(ps->score<60)
30              c+=1;
31      }
32      printf("s=%f\n",s);
33      ave=s/5;
34      printf("average=%f\ncount=%d\n",ave,c);
35      return 0;
36  }
```

程序运行结果：

```
s=345.000000
average=69.000000
count=2
```

本程序中定义了ave()函数，其形参为结构指针变量ps。boy被定义为外部结构体数组，因此在整个源程序中有效。在main()函数中定义说明了结构体指针变量ps，并把boy的首地址赋予它，使ps指向boy数组。然后以ps作实参调用ave()函数。在ave()函数中完成计算平均成绩和统计不及格人数的工作并输出结果。由于本程序全部采用指针变量作运算和处理，故速度更快，程序效率更高。

9.6 枚 举 类 型

在实际问题中，有些变量的取值被限定在一个有限的范围内。例如，一个星期内只有七天，一年只有十二个月，一个班每周有六门课程等等。如果把这些量说明为整型，字符型或其他类型显然是不妥当的。为此，C语言提供了一种称为"枚举"的类型，它是ANSI C新标准所增加的，所谓"枚举"是指将变量的值一一列举出来，变量的值只限于列举出来的值的范围内。

为此，C语言提供了一种称为"枚举"的用户自定义数据类型。所谓"枚举"，是指将变量的值一一列举出来，变量的值只限于列举出来的值的范围内。如果一个变量只有几种可能的取值时，可以定义为枚举类型，通过使用枚举类型，可以使代码更易读、更易于维护，同时也可以提高代码的可扩展性和可重用性。

9.6.1 枚举类型的定义

枚举类型定义的语法格式为：

```
enum [枚举类型名]
```

```
{
    枚举元素列表;
};
```

（1）enum：为系统保留字，声明要定义一个枚举类型。

（2）枚举类型名：是用户定义的标识符，给定义中的枚举类型命名。

（3）枚举元素列表：给出该类型的值域，即列出该类型的所有可能取值。注意，枚举值表中的每个值都是一个命名的整型常量，类似于整型符号常量，称为枚举常量。其格式为：

```
枚举常量名 [= 整数 ]
```

例如，定义一个星期类型，用来表示一周的七天。

```
enum week{Sunday,Monday,Tuesday,Wednesday,Thursday,Friday,Saturday};
```

这里，定义的枚举类型为 enum week，花括号括起来的枚举元素列表 {Sunday, Monday, Tuesday, Wednesday, Thursday, Friday, Saturday } 表示该枚举类型所有可能的取值。就该例定义的枚举类型 enum week 而言，由于没有指定各枚举常量对应的整数值，枚举元素本身由系统定义了一个表示序号的数值，即从 0 开始顺序定义为 0，1，2，…，n。所以，枚举类型 enum week 中，元素 Sunday，Monday，…，Saturday 的对应值分别为 0，1，…，6，亦即 enum week 的值域为 {0,1,2,3,4,5,6}。

如果将 enum week 的定义改为：

```
enum week{Sunday=7,Monday=1,Tuesday,Wednesday,Thursday,Friday,Saturday};
```

则 Sunday 对应于 7，Monday 对应于 1，Tuesday 对应于 2，…，Saturday 对应于 6。

9.6.2　枚举变量的定义和使用

在程序中定义了枚举类型后，可以用该类型来定义枚举变量，定义的方法与其他变量的定义方法一样，即用变量定义语句定义枚举类型变量。例如：

```
enum week a,b,c;
```

也可以在定义枚举类型的同时定义相应的枚举类型变量。例如：

```
enum week{Sunday,Monday,Tuesday,Wednesday,Thursday,Friday,Saturday}a,b,c;
```

可以在定义枚举类型变量的同时赋予初始值。例如：

```
enum week a=Sunday;
```

或在定义枚举类型的同时定义 a 变量并赋予初始值。例如：

```
enum week{Sunday=7,Monday=1,Tuesday,Wednesday,Thursday,Friday,Saturday}a,b,c=Sunday;
```

注意：

（1）枚举值是常量，不是变量。不能在程序中用赋值语句再对其赋值。例如，对枚举类型 enum week 的元素再作以下赋值：

```
Sunday=5;
Monday=2;
Sunday=Monday;
```

是错误的。

（2）枚举类型变量的取值只能在枚举类型定义的值域内，并且一次只能取一个值。例如，枚举型变量a,b,c的值只能是 Sunday、Monday、Tuesday、Wednesday、Thursday、Friday、Saturday 这七个值之一。注意：只能把枚举值赋予枚举变量，不能把元素的数值直接赋予枚举变量。如一定要把数值赋予枚举变量，则必须用强制类型转换。例如，下面的语句是合法的：

```
a=Monday;
b=(enum week)1;
/* 将整型值 1 强制转换为 enum week 类型后赋值。其意义是将顺序号为 1 的枚举元素赋予枚举变量b,
```
相当于：b=Monday;*/

下面语句是不合法的：

```
a=Mon;                    /*enum week 类型定义中不包含 Mon 值 */
b=1;                      /* 不能将整型值直接赋给枚举类型变量 */
```

（3）枚举类型数据对象可以进行关系运算，例如：

```
enum week a=Monday,b=Friday;
if(a==b) printf("ok");
if(Monday!=Friday)        printf("ok");
```

上述关系运算是按枚举变量或枚举类型元素所代表的整数常量值进行比较的，a==b 表达式实际上等价于 1==5 的关系运算；而 Monday !=Friday 实际上等价于 1!=5。

（4）枚举变量的值不是字符串，在进行输出操作时，对应的格式符不能是%s，而是%d，输出枚举变量对应的整数值。例如：

```
printf("%s",a);           /* 是错误的 */
printf("%d",a);           /* 是正确的 */
```

例 9.9　假设某单位安排a、b、c、d四个人轮流值班，请编制并输出 12 天的值班人员表。

```
1  #include <stdio.h>
2  int main()
3  {
4      enum body {a,b,c,d}day[12],j;
5      int i;
6      j=a;
7      for(i=0;i<=11;i++)
8      {
9          day[i]=j;
10         j=(enum body)(j+1);
11         if(j>d)   j=a;
12     }
13     for(i=1;i<=12;i++)
14     {
15         switch(day[i-1])
16         {
17             case a: printf("%2d %c\n",i,'a'); break;
18             case b: printf("%2d %c\n",i,'b'); break;
19             case c: printf("%2d %c\n",i,'c'); break;
```

```
20                case d: printf("%2d %c\n",i,'d'); break;
21                default: break;
22           }
23       }
24    return 0;
25 }
```

程序运行结果：

```
1 a
2 b
3 c
4 d
5 a
6 b
7 c
8 d
9 a
10 b
11 c
12 d
```

习　题

一、选择题

1. C 语言中结构体类型变量在程序执行期间（　　）。

    A. 所有成员一直驻留在内存中　　　　　B. 只有一个成员驻留在内存中

    C. 部分成员驻留在内存中　　　　　　　D. 没有成员驻留在内存中

2. 以下叙述中正确的是（　　）。

    A. 结构体中的成员不能是结构体类型

    B. 结构体的类型不能是指针类型

    C. 结构体中成员的名字可以和结构体外其他变量的名称相同

    D. 在定义结构体类型时就给结构体分配存储空间

3. 已知：

```
struct sk
{ int a; float b;}data,*p;
```

若有 p=&data，则对 data 中的成员 a 的正确引用是（　　）。

    A. (*p).data.a　　　　B. (*p).a　　　　　　C. p->data.a　　　　D. p.data.a

4. 若有以下定义语句：

```
struct student
{ int num,age;};
struct student stu[3]={{101,20},{102,19},{103,18}},*p=stu;
```

则以下错误的引用是（　　）。

    A. (p++)->num　　　B. p++　　　　　　C. (*p).num　　　　D. p=&stu.age

5. 设有以下定义，p 指向 num 域的是（　　）。

```
struct student
{
    int num;
    char name[10];
}stu,*p;
```

    A.　p=&stu.num;　　　　　　　　B.　*p=stu.num;

    C.　p=(struct student*)&(stu.num);　D.　p=(struct student*)stu.num;

6. 设有一结构体类型变量定义如下：

```
struct date
{
    int year;
    int month;
    int day;
};
struct worker
{
    char name[20];
    char sex;struct date birthday;
}w1;
```

若对结构体变量 w1 的出生年份进行赋值，下面正确的赋值语句是（　　）。

    A.　year=2003　　　　　　　　B.　birthday.year=2003

    C.　w1.birthday.year=2003　　　D.　w1.year=2003

7. 若有以下程序段：

```
struct note
{
    int n;
    int *pn;
};
int a=1,b=2,c=3;
struct note s[3]={{1001,&a},{1002,&b},{1003,&c}};
struct note *p=s;
```

则以下表达式中值为 2 的是（　　）。

    A.　(p++)->pn　　B.　*(p++)->pn　　C.　(*p).pn　　D.　*(++p)->pn

8. 若已经定义：

```
struct stu { int a,b; } student;
```

则下列输入语句中正确的是（　　）。

    A.　scanf("%d",&a);　　　　　　B.　scanf("%d",&student);

    C.　scanf("%d",&stu.a);　　　　　D.　scanf("%d",&student.a);

9. 若已经定义

```
typedef struct stu { int a,b; } student;
```

则下列叙述中正确的是（　　）。

A.　stu 是结构体变量　　　　　　　B.　student 是结构体变量

C.　student 是结构体类型　　　　　D.　a 和 b 是结构体变量

10.　已知：

```
struct
{
    int i;
    char c;
    float a;
}test;
```

设 int 类型 4 字节，char 类型 1 字节，float 类型 4 字节，则 sizeof(test) 的值是（　　　）。

A.　9　　　　　　　B.　10　　　　　　　C.　11　　　　　　　D.　12

二、填空题

1.　设有以下定义：

```
struct student
{
    int a;
    float b;
}stu;
```

则定义结构体类型的关键字是_____，用户定义的结构体类型名是_____，用户定义的结构体变量是_____。

2.　设有说明

```
struct DATE { int year;int month;int day;};
```

请写出一条定义语句，该语句定义 d 为上述结构体类型的变量，并同时为其成员 year、month、day 依次赋初值 2011,10,2：_____。

3.　若有定义：

```
struct num
{
    int a;
    int b;
    float f;
}n={1,3,5.0};
struct num *pn=&n;
```

则表达式 pn->b/n.a*++pn->b 的值是_____，表达式 (*pn).a+pn->f 的值是_____。

4.　结构数组中存有三人的姓名和年龄，以下程序输出三人中最年长者的姓名和年龄。请填空。

```
#include <stdio.h>
struct man
{
    char name[20];
    int age;
}person[]={ "LiLing",18,
            "YangHua",19,
            "ZhangPing",20
          };
```

```
int main()
{
    struct man *p,*q;
    int old=0;
    p=person;
    for( ;p_____ ;p++)
    if(old<p->age) {q=p; _____ }
    printf("%s %d",q->name,q->age );
    return 0;
}
```

5. 下面程序的功能是输入学生的姓名和成绩，然后输出。请填空。

```
#include <stdio.h>
struct stuinf
{   char name[20];                          /* 学生姓名 */
    int score;                              /* 学生成绩 */
} stu, *p;
int main ( )
{   p=&stu;
    printf("Enter name:");
    gets(_____);stu.name
    printf("Enter score: ");
    scanf("%d",_____ );
    printf("Output: %s,%d\n",_____ ,_____ );
}
```

6. 以下程序的输出结果是_____。

```
struct st
{   int x,*y;
}*p;
int s[]={10,20,30,40};
struct st a[]={1,&s[0],2,&s[1],3,&s[2],4,&s[3]};
main()
{   p=a;
    printf("%d\n",++(*(++p)->y));
}
```

三、编程题

1. 使用两个结构体变量，分别存放用户输入的两个日期（包括年、月、日），然后计算两日期之间相隔多少天。

2. 有 10 个学生，每个学生的数据包括学号、姓名、三门课的成绩。从键盘输入 10 个学生数据，要求打印出三门课的平均成绩，以及最高分的学生数据（包括学号、姓名、三门课的成绩、平均分数）。

第10章
文　件

　　"文件"是计算机中非常重要的概念。在实际应用中，如数据处理、信息管理和数值分析时，需要对大量数据进行加工处理，此时需要程序员将大量数据集合起来以"文件"的形式存放在磁盘等外部存储设备中，然后程序通过文件读取数据、加工处理并将最终结果保存在文件中。

　　C语言具有操作文件的能力，比如打开文件、读取和追加数据、插入和删除数据、关闭文件、删除文件等。与其他编程语言相比，C语言文件操作的接口相当简单和易学。在C语言中，为了统一对各种硬件的操作，简化接口，不同的硬件设备也都被看成一个文件。对这些文件的操作，等同于对磁盘上普通文件的操作。

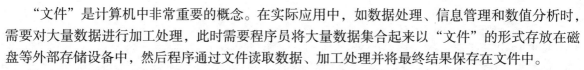

10.1　文　件　概　述

　　所谓"文件"是指一组相关数据的有序集合。这个数据集有一个名称，称为文件名。实际上在前面的各章中已经多次使用了文件，如源程序文件、目标文件、可执行文件、库文件（头文件）等。文件通常是驻留在外部介质（如磁盘等）上的，在使用时才调入内存中来。从不同的角度可对文件作不同的分类。从用户的角度看，文件可分为普通文件和设备文件两种。

　　普通文件是指驻留在磁盘或其他外部介质上的一个有序数据集，可以是源文件、目标文件、可执行程序；也可以是一组待输入处理的原始数据，或者是一组输出的结果。对于源文件、目标文件、可执行程序可以称为程序文件，对输入/输出数据可称为数据文件。

　　设备文件是指与主机相连的各种外围设备，如显示器、打印机、键盘等。在操作系统中，把外围设备也看作一个文件进行管理，把它们的输入、输出等同于对磁盘文件的读和写。通常把显示器定义为标准输出文件，一般情况下在屏幕上显示有关信息就是向标准输出文件输出。如前面经常使用的printf()、putchar()函数就是这类输出。键盘通常被指定为标准的输入文件，从键盘上输入就意味着从标准输入文件上输入数据。scanf()、getchar()函数就属于这类输入。

　　C语言把文件看作一个字符（字节）序列，即由一个一个字符（字节）的数据顺序组成。根据文件编码的方式，文件可分为文本文件和二进制码文件两种。

　　文本文件又称ASCII码文件，这种文件在磁盘中存放时每个字符对应一个字节，用于存放对应的ASCII码。例如，文本文件存储整数5678时，以文本的形式将十进制码5、6、7、8作为字符，存储其对应的ASCII码。整数5678的存储形式如下：

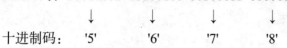

ASCII码：00000101 00000110 00000111 00001000

十进制码： '5' '6' '7' '8'

这样，文本文件中存储整数5678需要占用4字节。文本文件的特点是存储量大，便于对字符进行逐个操作，但是要花费转换时间（二进制形式与ASCII码间的转换）。文本文件可在屏幕上按字符显示。例如，源程序文件就是文本文件，用DOS命令TYPE可显示文件的内容。由于是按字符显示，因此能读懂文件内容。

二进制文件是按二进制的编码方式来存放文件的。

例如，整数5678的存储形式为：0001011000101110，即把十进制整数5678转换为二进制形式，文件存储该数据只需占2字节。二进制文件的特点是存储量小，可以节省外存空间和转换时间，便于存放中间结果。二进制文件虽然也可在屏幕上显示，但其内容无法读懂，因为一个字节不对应一个字符，不能直接输出字符形式。一般中间结果数据需要暂时保存在外存上以后又需要输入到内存时，常用二进制文件保存。

C系统在处理这些文件时，并不区分类型，都看作字符流，按字节进行处理。输入/输出字符流的开始和结束只由程序控制而不受物理符号（如回车符）的控制。因此也把这种文件称为"流式文件"。

在C语言中引入了流（stream）的概念。它将数据的输入/输出看作数据的流入和流出，这种把数据的输入/输出操作对象，抽象化为一种流，而不管其具体结构的方法对编程是很有利的。而涉及流的输出操作函数可用于各种对象，与其具体的实体无关，具有通用性。当打开一个文件时，该文件就和某个流关联起来。执行程序时会自动打开三种文件和与这三种文件并联的流——标准输入流、标准输出流和标准错误流。流是文件和程序之间通信的通道。例如，标准输入流能够使程序读取来自键盘的数据，标准输出流能够使程序把数据打印到屏幕上。标准输入流、标准输出流和标准错误流是用文件指针 stdin、stdout 和 stderr 操作的。C语言中有两种对文件的处理方法：缓冲文件系统和非缓冲文件系统。

所谓缓冲文件系统是指系统自动地在内存区为每个正在使用的文件开辟一个缓冲区，如图10.1所示。从内存向磁盘输出数据必须先送到内存的缓冲区，装满缓冲区后才一起送到磁盘去。从磁盘向内存输入数据也一样，通过缓冲区再送到内存程序的数据区。缓冲区大小由各个具体C版本确定，一般为512字节。

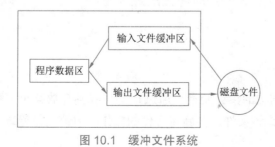

图 10.1 缓冲文件系统

非缓冲文件系统中的缓冲区系统不会自动创建，而是由用户根据解决问题的需要自行创建，如图 10.2 所示。在过去使用的 C 版本（如 UNIX 系统下使用的 C）中，用缓冲文件系统处理文本文件，用非缓冲文件系统处理二进制文件，而新的 ANSI C 标准决定不采用非缓冲文件系统，只采用缓冲文件系统处理文本文件和二进制文件。

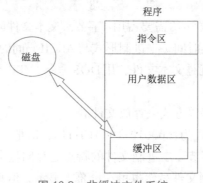

图 10.2　非缓冲文件系统

10.2　文件类型指针

系统给每个打开的文件分别在内存中开辟一个区域，用于存放文件的有关信息（如文件名、文件位置等）。这些信息保存在一个结构体类型变量中，该结构类型由系统定义，取名为 FILE，称为文件类型，它是在头文件 stdio.h 中定义的，其定义如下：

```
typedef struct
{
    short level;                    /* 缓冲区"满"或"空"的程度 */
    unsigned flags;                 /* 文件状态标志 */
    char fd;                        /* 文件描述符 */
    unsigned char hold;             /* 如无缓冲区不读取字符 */
    short size;                     /* 缓冲区的大小 */
    unsigned char *buffer;          /* 数据缓冲区的位置 */
    unsigned char *curp;            /* 当前活动指针 */
    unsigned istemp;                /* 文件临时指示器 */
    short token;                    /* 用于有效性检查 */
}FILE;
```

在 C 语言中用一个指针变量指向一个文件，这个指针称为文件指针。通过文件指针就可对它所指的文件进行各种操作。定义文件指针的语法格式为：

```
FILE  *指针变量名;
```

例如：

```
FILE *fp;
```

表示 fp 是指向 FILE 结构的指针变量，通过 fp 即可找到存放某个文件信息的结构变量，然后按结构变量提供的信息找到该文件，实施对文件的操作。习惯上也笼统地把 fp 称为指向一个文件的指针。

10.3 文件的打开和关闭

在对文件进行读写操作之前，必须先执行打开文件的操作。文件的打开操作表示将给用户指定的文件在内存中分配一个FILE结构区，并将该结构的指针返回给用户程序，以后用户程序就可用此FILE指针实现对指定文件的存取操作。关闭文件则断开指针与文件之间的联系，也就禁止再对该文件进行操作。在C语言中，文件操作都是由库函数完成的。

10.3.1 文件的打开（fopen() 函数）

ANSI C规定了标准输入/输出函数库，打开文件的操作通过调用fopen()函数完成，fopen()函数原型如下：

```
FILE *fopen(char *filename, char *mode);
```

其中，filename参数是要打开文件的文件名，是字符串常量或字符串数组，一般用双引号括起来，其中也可包含用双反斜杠隔开的路径名；mode参数表示对打开文件的操作方式；当调用该函数成功地打开一个文件时，该函数将返回一个FILE指针，如果文件打开失败，将返回一个NULL指针。例如：

```
FILE *fp;
fp=fopen("myfile.txt","r");
```

其意义是在当前目录下打开文件myfile.txt，只允许进行"读"操作，并使文件指针变量fp指向该文件。

又如：

```
FILE *fp
fp=fopen(" d:\\user\\myfile.dat","rb")
```

其意义是打开d:\user目录下的文件myfile.dat，这是一个二进制文件，参数"rb"表示只允许按二进制方式进行读操作。两个反斜线"\\"中的第一个表示转义字符，第二个表示目录分隔符。

操作文件的方式共有12种，见表10.1。

表10.1　操作文件的方式

文件使用方式	意　义
"rt"	只读打开一个文本文件，只允许读数据
"wt"	只写打开或建立一个文本文件，只允许写数据
"at"	追加打开一个文本文件，并在文件末尾写数据
"rb"	只读打开一个二进制文件，只允许读数据
"wb"	只写打开或建立一个二进制文件，只允许写数据
"ab"	追加打开一个二进制文件，并在文件末尾写数据
"rt+"	读写打开一个文本文件，允许读和写
"wt+"	读写打开或建立一个文本文件，允许读写
"at+"	读写打开一个文本文件，允许读，或在文件末尾追加数据
"rb+"	读写打开一个二进制文件，允许读和写

文件使用方式	意　义
"wb+"	读写打开或建立一个二进制文件，允许读和写
"ab+"	读写打开一个二进制文件，允许读，或在文件末尾追加数据

对于文件使用方式有以下几点说明：

（1）文件使用方式由 r、w、a、t、b、+ 六个字符拼成，各字符的含义如下：

① r（read）：读。

② w（write）：写。

③ a（append）：追加。

④ t（text）：文本文件，可省略不写。

⑤ b（banary）：二进制文件。

⑥ +：读和写。

（2）凡用 "r" 打开一个文件时，该文件必须已经存在，且只能从该文件读出。

（3）用 "w" 打开的文件只能向该文件写入。若打开的文件不存在，则以指定的文件名建立该文件，若打开的文件已经存在，则将该文件删去，重建一个新文件。

（4）若要向一个已存在的文件追加新的信息，只能用 "a" 方式打开文件。但此时该文件必须是存在的，否则将会出错。

（5）在打开一个文件时，如果出错，fopen() 函数将返回一个空指针值 NULL。在程序中可以用这一信息判别是否完成打开文件的工作，并作相应的处理。因此常用以下程序段打开文件：

```
if ((fp=fopen("c:\\myfile.dat","rb")==NULL)
{
    printf ("\n error on open c:\myfile.dat  file!");
    exit(0);
}
```

这段程序的意义是，先检查打开的操作是否出错。如果出错，则返回的指针为空，表示不能打开 C 盘根目录下的 myfile.dat 文件，并在终端上输出提示信息"error on open c:\ myfile.dat file!"，然后执行 exit(0) 函数退出程序，exit() 函数的作用是关闭所有文件，终止正在执行的程序。待用户检查出错误，修改后在运行。

（6）把一个文本文件读入内存时，要将 ASCII 码转换成二进制码，而把文件以文本方式写入磁盘时，也要把二进制码转换成 ASCII 码，因此文本文件的读写要花费较多的转换时间。对二进制文件的读写不存在这种转换。

（7）标准输入文件（键盘），标准输出文件（显示器），标准出错输出（出错信息）是由系统打开的，文件指针变量名分别定义为 stdin、stdout 和 stderr，可直接使用。

10.3.2　文件的关闭（fclose() 函数）

文件操作完成后，必须要用 fclose() 函数将文件关闭，以避免文件的数据丢失等错误。这是因为对打开的文件进行写入时，若文件缓冲区的空间未被写入的内容填满，这些内容不会写到打开的文件中去，只有对打开的文件进行关闭操作时，停留在文件缓冲区的内容才能写到该文件中去，从而使文件完整保存。再者一旦关闭了文件，该文件对应的FILE结构将被释放，从而使关闭的文件得到保护。

文件的关闭也意味着释放了该文件的缓冲区，就使文件指针变量不再指向该文件，不能再通过该指针对原来与其相联系的文件进行读写操作。除非再次调用fopen()函数，使用文件指针变量重新指向该文件。fclose()函数的原型如下：

```
int fclose(FILE *fp);
```

表示该函数将关闭FILE指针对应的文件，并返回一个整数值。若成功地关闭了文件，则返回一个0值，否则为EOF（-1）。

10.4　文件读 / 写操作

对文件的读和写是最常用的文件操作。在C语言中提供了多种文件读/写函数：

（1）字符读/写函数：fgetc()和fputc()。

（2）字符串读/写函数：fgets()和fputs()。

（3）数据块读/写函数：freed()和fwrite()。

（4）格式化读/写函数：fscanf()和fprinf()。

在进行文件读写操作时，关于文件结束的判定：EOF和feof（文件指针）。

（1）EOF(-1)：在stdio.h中定义的一个符号常量。只能作为文本文件结束的标志。

（2）feof()函数：既可用来判断二进制文件是否结束，也可用于文本文件。若遇到文件结束，返回值1；否则返回值0。

使用以上函数都要求包含头文件stdio.h。

10.4.1　按字符读 / 写文件

1. fputc() 函数

fputc()函数将一个字符写到指定的文件中。其函数原型如下：

```
int fputc(char ch,FILE *fp);
```

其中，ch是待输出的字符变量，fp是文件指针。该函数将字符ch写到fp所指的文件中。函数返回一个整型值，如调用成功则返回写入字符的ASCII代码值，失败时返回EOF，即-1。

对于fputc()函数的使用说明如下：

（1）被写入的文件可以用写、读写、追加方式打开，用写或读写方式打开一个已存在的文件时将清除原有的文件内容，写入字符从文件首开始。如需保留原有文件内容，希望写入的字符以文件末开始存放，必须以追加方式打开文件。被写入的文件若不存在，则创建该文件。

（2）每写入一个字符，文件内部位置指针向后移动1字节。

（3）fputc()函数有一个返回值，如写入成功则返回写入的字符，否则返回一个EOF。可用此来判断写入是否成功。

例 10.1   将键盘上输入的一个字符串（以 "@" 作为结束字符），以 ASCII 码形式存储到一个磁盘文件中。

```
1   #include <stdio.h>
2   int main()
3   {
4       FILE *fp;
5       char ch,filename[10];
6       printf("请输入文件名：\n");
7       scanf("%s",filename);
8       if((fp=fopen(filename,"w"))==NULL)          /* 打开文件 */
9       {
10          printf("can not open this file\n");
11          exit(0);                                /* 终止程序 */
12      }
13      printf("输入字符，以 @ 结束：\n");
14      for(;(ch=getchar())!='@';)
15          fputc(ch,fp);                           /* 输入字符并存储到文件中 */
16      fclose(fp);                                 /* 关闭文件 */
17      return 0;
18  }
```

程序运行结果：

请输入文件名：
D:\text.txt↙
输入字符，以 @ 结束：
a↙
b↙
c↙
@↙

2. fgetc() 函数

fgetc() 函数从指定的打开的文件中每次读取一个字符。函数原型如下：

```
int c=fgetc(FILE *fp);
```

其中，fp 是文件指针，c 是一个 int 型变量。该函数从 fp 所指文件中读取一个字符，并将字符的 ASCII 代码值赋给变量 c，如遇到文件结束或调用有错，返回 EOF。

fgetc() 函数的使用说明如下：

（1）在 fgetc() 函数调用中，读取的文件必须是以读或读写方式打开的。

（2）读取字符的结果也可以不向字符变量赋值，例如：

```
fgetc(fp);
```

但是读出的字符不能保存。

（3）在文件内部有一个位置指针。用来指向文件的当前读写字节。在文件打开时，该指针总是指向文件的第一个字节。使用 fgetc() 函数后，该位置指针将向后移动 1 字节。因此可连续多次使用 fgetc() 函数读取多个字符。应注意文件指针和文件内部的位置指针不是一回事。文件指针是指向整个文件的，须在程序中定义说明，只要不重新赋值，文件指针的值是不变的。文件内部的位置指针用以指示文件内部的当前读写位置，每读写一次，该指针均向后移动，它不需要在程序中定义说明，而是由系统自动设置的。

例 10.2 顺序显示例 8.1 创建的磁盘 ASCII 码文件中的内容。

```
1   #include <stdio.h>
2   int main()
3   {
4       FILE *fp;
5       char ch,filename[10];
6       printf("输入文件名: \n");
7       scanf("%s",filename);
8       if((fp=fopen(filename,"r"))==NULL)
9       {
10          printf("can not open source file\n");
11          exit(0);
12      }
13      for( ;(ch=fgetc(fp))!=EOF;)
14          putchar(ch);                        /* 顺序读入并显示 */
15      fclose(fp);
16      return 0;
17  }
```

程序运行结果：

```
输入文件名:
D:\test.txt
a
b
c
```

10.4.2 字符串读 / 写函数

1. fputs() 函数

fputs() 函数将一个字符串写到指定的文件中。函数原型如下：

```
int fputs(char *str,FILE *fp);
```

其中，fp 是文件指针；str 是字符串指针。该函数将 str 所指的字符串写到 fp 所指的文件中。正常时返回写入文件的字符个数，否则返回 EOF。

2. fgets() 函数

fgets() 函数是从指定的文件中读取一个字符串，并存于字符指针所指的存储区域中。函数原型如下：

```
char *fgets(char *str,int n,FILE *fp);
```

其中，fp 是文件指针；str 是一个字符指针或字符数组；n 是指定读取字符的个数。该函数就是从 fp 所指向的文件中，每次读取 $n-1$ 个字符，若在读出 $n-1$ 字符之前遇到了换行符或文件结束，将读到的字符送到 str 所指定的存储区域。该函数返回读入字符串的首地址，调用出错时返回

NULL。读入到 str 中的字符最后加 '\0'，使其成为字符串。

例 10.3　将键盘上输入的一个长度不超过 80 的字符串，以 ASCII 码形式存储到一个磁盘文件中，然后输出到屏幕上。

```
1   #include <stdio.h>
2   int main()
3   {
4       FILE *fp;
5       char filename[10],string[81];
6       printf("Input the filename: ");
7       gets(filename);                         /* 从键盘输入文件名 */
8       if((fp=fopen(filename,"w"))==NULL)
9       {
10          printf("can not open this file\n");
11          cxit(0);
12      }
13      printf("Input a string: ");
14      gets(string);                           /* 从键盘上输入字符串 */
15      fputs(string,fp);                       /* 存储到指定文件 */
16      fclose(fp);
17      if((fp=fopen(filename,"r"))==NULL)
18      {
19          printf("can not open this file\n");
20          exit(1);
21      }
22      fgets(string,strlen(string)+1,fp);      /* 从文件中读一个字符串 */
23      printf("Output the string: ");
24      puts(string);                           /* 将字符串输出到屏幕上 */
25      fclose(fp);
26      return 0;
27  }
```

程序运行结果：

```
Input the filename: d:\test.txt↙
Input a string: aaabbbbccdd↙
Output the string: aaabbbbccdd
```

10.4.3　按数据块读 / 写文件

C语言还提供了用于整块数据的读写函数 fwrite() 和 fread()。可用来读写一组数据，如一个数组元素，一个结构变量的值等。fread() 和 fwrite() 函数一般用于二进制文件的读写。

1. fwrite() 函数

fwrite() 函数是将一组数据写到指定的文件中。函数原型如下：

```
int fwrite(char *buf,int size,int n,FILE *fp);
```

其中，buf、size、n、fp 参数的含义同 fread() 函数。该函数是将 buf 所指向的缓冲区或数组内的 n 个数据项（每个数据项有 size 字节）写到 fp 所指向的文件中。函数调用正常返回实际写入的数据项数，否则返回0。

例如，向文件中写入一组整型数据，示例代码如下：

```
FILE * pFile;
int buffer[]={1,2,3,4};
int count=0;
if((pFile=fopen("myfile.txt","wb"))==NULL)
{
    printf("cannot open the file\n");
    exit(1);
}
count=fwrite(buffer,sizeof(int),4,pFile);        /* 可以写多个连续的数据 */
fclose(pFile);
```

上述代码中，利用 fwrite() 函数将数组 buffer 中的数据写入 pFile 所指向的文件，一次写入 sizeof(int) 字节数据，连续写 4 次。

2. fread() 函数

fread() 函数用来从指定文件中读取一组数据。函数原型如下：

```
int fread(char *buf,int size,int n,FILE *fp);
```

其中，buf 是一个指针，用来指向数据块在内存中的起始地址；size 表示一个数据项的字节数；n 是要读取的数据项个数；fp 是文件指针。

fread() 函数是从 fp 所指的文件中读取 *n* 个数据项，每个数据项的大小为 size 字节，将它们读到 buf 所指向的内存缓冲区中。函数调用如果不成功，则返回 0；如果成功，则返回实际读入的数据项的个数。如果文件以二进制形式打开，则 fread() 函数可以读取任何类型的信息。

例如，从文件中读取一组整型数据，示例代码如下：

```
FILE * fp;
int buffer[4];
if((fp=fopen("myfile.txt","rb"))==NULL)
{
    printf("cant open the file");
    exit(1);
}
if(fread(buffer,sizeof(int),4,fp)!=4)
{
    printf("file read error\n");
    exit(1);
}
for(int i=0;i<4;i++)
    printf("%d\n",buffer[i]);
```

上述代码中，利用 fread() 函数从 fp 所指向的文件中，一次读取出 sizeof(int) 字节大小数据并存入数组 buffer，连续读取 4 次，即读 4 个整数到 buffer 数组中。然后将 buffer 数组中的元素输出。

例 10.4　从键盘输入两个学生数据，写入一个文件中，再读出这两个学生的数据显示在屏幕上。

```
1   #include<stdio.h>
2   struct stu
3   {
4       char name[10];
5       int num;
6       int age;
7       char addr[15];
8   }boya[2],boyb[2],*pp,*qq;
9   int main()
10  {
11      FILE *fp;
12      char ch;
13      int i;
14      pp=boya;
15      qq=boyb;
16      if((fp=fopen("d:\\stu_list.dat","wb+"))==NULL)
17      {
18          printf("Cannot open file strike any key exit!");
19          getch();
20          exit(1);
21      }
22      printf("\ninput data\n");
23      for(i=0;i<2;i++,pp++)
24      scanf("%s%d%d%s",pp->name,&pp->num,&pp->age,pp->addr);
25      pp=boya;
26      fwrite(pp,sizeof(struct stu),2,fp);
27      rewind(fp);
28      fread(qq,sizeof(struct stu),2,fp);
29      printf("\n\nname\tnumber    age      addr\n");
30      for(i=0;i<2;i++,qq++)
31      printf("%s\t%5d%7d      %s\n",qq->name,qq->num,qq->age,qq->addr);
32      fclose(fp);
33      return 0;
34  }
```

程序运行结果：

```
input data
Henry 21 1001 Wuhan
Peter 22 1004 Beijing

name    number    age      addr
Henry       21    1001     Wuhan
Peter       22    1004     Beijing
```

本例程序定义了一个结构体类型 struct stu，说明了两个结构数组 boya 和 boyb 以及两个结构指针变量 pp 和 qq。pp 指向 boya；qq 指向 boyb。以读写方式打开二进制文件"D:\stu_list.dat"，输入两个学生数据之后，写入该文件中，然后把文件内部位置指针移到文件首，读出两块学生数据后，在屏幕上显示。

10.4.4　按格式读/文件

fscanf() 函数，fprintf() 函数与前面使用的 scanf() 和 printf() 函数的功能相似，都是格式化读写函数。两者的区别在于 fscanf() 函数和 fprintf() 函数的读写对象不是键盘和显示器，而是磁盘文件。这两个函数的原型如下：

```
int fscanf(FILE*stream,constchar*format,[argument...]);
int fprintf( FILE *stream,const char *format,[argument]...)
```

这两个函数的调用格式如下：

```
fscanf(文件指针,格式字符串,输入表列);
fprintf(文件指针,格式字符串,输出表列);
```

例如：

```
int  i;
float t;
fprintf(fp,"%d,%6.2f",i,t);
```

把整型变量 i 和实型变量 t 的值分别按照 %d 和 %6.2f 的格式输出到 fp 指向的文件。

```
fscanf(fp,"%d,%6.2f",&i,&t);
```

若磁盘文件上有以下字符：3,4.5，则将磁盘文件中的数据 3 送给变量 i, 4.5 送给变量 t。

10.5　文件的随机读/写

为了对读写进行控制，系统为每个文件设置了一个文件读写位置标记，用来指示接下来要读写的下一个字节的位置。该标记称为文件位置指针，即指向当前读写位置的指针。文件位置指针不同于文件指针，只是一个形象化概念。用来表示当前读或写的数据在文件中的位置。文件位置指针指向文件末尾时，表示文件结束。具体位置由文件打开方式确定。若以 "r"、"w" 模式打开文件，则文件指针指向文件头；若以 "a" 模式打开文件，文件指针指向文件尾。

对流式文件可以进行顺序读写，也可以进行随机读写。前面介绍的对文件的读写方式都是顺序读写，进行读写操作时，位置指针是按字节位置顺序移动的，即每次读写一个字符（字节）数据后，位置指针自动后移指向下一个待读写数据。如果能将位置指针按需要移动到任意位置，就可以实现随机读写。为实现随机读写，关键是能按照要求强制移动文件位置指针，这种移动读写位置标记的操作称为文件定位。对文件的随机读/写操作，需要使用到文件定位函数。

1. fseek() 函数

fseek() 函数可用来移动文件的位置指针，它的调用格式如下：

```
int fseek(FILE *fp,long offset,int fromwhere)
```

其中，fp 是文件指针。offset 为偏移量，表示相对于起始点向后移动的字节数，要求偏移量是 long 型数据，以便在文件长度大于 64 KB 时不会出错。当用常量表示偏移量时，要求加后缀 "L"。fromwhere 为起始点，用来计算偏移量的起点。规定的起始点有三种：文件首、当前位置和文件尾。指定的位移量起始位置，既可以用数字代表，也可用标识符表示。其表示方法见表10.2。

表 10.2　位移量起始位置表示方法

起 始 点	标 识 符	数 字 表 示
文件首	SEEK_SET	0
当前位置	SEEK_CUR	1
文件末尾	SEEK_END	2

fseek()函数一般用于二进制文件，对于二进制文件：位移量为正整数时，表示位置指针从起始点向文件尾部移动；为负整数时，表示从起始点向文件头移动；如果是文本文件，因为要发生字符转换，计算时往往会发生混乱，所以对于文本文件：位移量必须是0。

例如：假设文件指针pf指向二进制文件

```
fseek(fp,30L,SEEK_SET)              /* 使文件位置指针从文件头向后移动 30 字节 */
fseek(fp,-10L*sizeof(int),SEEK_END) /* 使文件位置指针从文件尾部前移 10 个 sizeof(int)
大小的字节数 */
```

又如：假设文件指针pf指向文本文件

```
fseek(fp,0L,SEEK_SET)              /* 使文件位置指针移到文件的开始 */
fseek(fp,0,SEEK_END)               /* 使文件位置指针移到文件末尾 */
```

2. rewind() 函数

rewind()函数（又称"反绕"函数）用来使文件位置指针重新回到文件的开头位置。函数原型如下：

```
void rewind(FILE *fp)
```

其中，fp是文件指针，指向与它相联系的文件。该函数调用后将文件中的位置指针重新置回到文件的开头位置。该函数将文件指针重新指向文件的开头，同时清除和文件流相关的错误和EOF标记。相当于调用

```
fseek(fp,0L,SEEK_SET);
```

3. ftell() 函数

ftell()函数用来得到文件位置指针的当前位置。函数原型如下：

```
long ftell(FILE *fp)
```

其中，fp是文件指针。该函数用来得到fp所指文件的位置指针的当前位置，用相对于文件开头的偏移量表示，单位是字节数，类型为long型。如果出错，函数返回值为-1L。

例如：通过fseek()函数和ftell()函数求出文件大小

```
fseek(fp,0L,SEEK_END);             /* 把位置指针移动到文件末尾 */
t=ftell(fp);                       /* 求出文件中的字节数 */
```

● 视 频

文件操作函数

又如：若二进制文件中存放的是结构体类型数据，求出该文件中以该结构体为单位的数据块个数：

```
fseek(fp,0L,SEEK_END);
t=ftell(fp);
n=t/sizeof(struct st);
```

例 10.5　将学生数据随机地写入 d:\example\stu_list.dat 文件中。在移动位置指针之后，即可用前面介绍的任一种读 / 写函数进行读 / 写。由于一般是读 / 写一个数据块，因此常用 fread() 和 fwrite() 函数。

```
1   #include <stdio.h>
2   struct stu
3   {
4       char name[10];
5       int num;
6       int age;
7       char addr[15];
8   }boy;
9   int main()
10  {
11      FILE *fp;
12      if((fp=fopen("d:\\example\\stu_list.dat","wb"))==NULL)
13      {
14          printf("Cannot open file,strike any key exit!");
15          getch();
16          exit(1);
17      }
18      printf("Enter student number(1 to 5,0 to end input)\n");
19      scanf("%d",&boy.num);              /* 输入一个学生的学号 */
20      while(boy.num!=0)
21      {
22          printf("Enter name,age,address\n");
23          scanf("%s%d%s",boy.name,&boy.age,boy.addr);
24          /* 根据学号把位置指针移到相应位置 */
25          fseek(fp,(boy.num-1)*sizeof(struct stu),0);
26          /* 把学生数据写到文件 */
27          fwrite(&boy,sizeof(struct stu),1,fp);
28          printf("Enter student number\n");
29          scanf("%d",&boy.num);
30      }
31      return 0;
32  }
```

例 10.6　在学生文件 d:\example\stu_list.dat 中读出学号为 2 的学生的数据。

```
1   #include <stdio.h>
2   struct stu
3   {
4       char name[10];
5       int num;
6       int age;
7       char addr[15];
8   }boy, *qq;
9   int main()
10  {
11      FILE *fp;
12      int i=1;
```

```
13      qq=&boy;
14      if((fp=fopen("d:\\example\\stu_list.dat","rb"))==NULL)
15      {
16          printf("Cannot open file,strike any key exit!");
17          getch();
18          exit(1);
19      }
20      rewind(fp);
21      fseek(fp,i*sizeof(struct stu),0); /* 将位置指针移到学号为 2 的学生数据的起始位置 */
24      fread(qq,sizeof(struct stu),1,fp); /* 从文件读学号为 2 的学生数据到数组中 */
25      printf("\n\n name\t number   age    addr\n");
26      printf("%s\t%5d%7d%s\n",qq->name,qq->num,qq->age,qq->addr);
27      return 0;
28  }
```

10.6　文件检测函数

C 语言中常用的文件检测函数有以下几个。

（1）文件结束检测函数，调用格式：

feof (文件指针) ;

功能：判断文件是否处于文件结束位置，如文件结束，则返回值为 1，否则为 0。

（2）读写文件出错检测函数，调用格式：

ferror (文件指针) ;

功能：对文件指针指向的文件进行的各种输入 / 输出函数的调用，检测调用是否出错。如果调用未出错，函数的返回值为 0，如果调用出错，函数的返回值为非 0 值。

说明：对同一个文件每一次调用输入 / 输出函数，均产生一个新的 ferror() 函数值，因此，在调用一个输入 / 输出函数后应立即检查 ferror() 函数的值，否则信息会丢失；在执行 fopen() 函数时，系统自动将函数 ferror() 的值置为 0。

（3）文件出错标志和文件结束标志置 0 函数，调用格式：

clearerr (文件指针) ;

功能：该函数用于清除出错标志和文件结束标志，使它们为 0 值。

说明：如果调用一个输入 / 输出函数出错，函数 ferror() 的值为非 0 值，该值一直保留到对同一文件调用 clearerr() 函数或调用任何一个输入 / 输出函数。

习　题

一、选择题

1. 要打开一个已存在的非空文件 file 用于修改，正确的语句是（　　　）。

　　A．fp=fopen("file", "r");　　　　　　　　B．fp=fopen("file", "a+");

C. fp=fopen("file", "w");　　　　　　　D. p=fopen("file", "r+");

2. 以下可作为 fopen() 函数第一个参数的正确格式是（　　　）

    A. c:usr\abc.txt　　　　　　　　　　B. c:\usr\abc.txt

    C. "c:\usr\sbc.txt"　　　　　　　　　D. "c:\\usr\\abc.txt"

3. 若执行 fopen () 函数时发生错误，则函数的返回值是（　　　）

    A. 地址值　　　　　　B. 0　　　　　　　C. 1　　　　　　　D. EOF

4. 为了显示一个文本文件的内容，在打开文件时，文件的打开方式应为（　　　）。

    A. "r+"　　　　　　　B. "w+"　　　　　　C. "wb+"　　　　　D. "ab+"

5. 若要用 fopen() 函数打开一个新的二进制文件，该文件要既能读也能写，则文件打开方式字符串应是（　　　）。

    A. "ab+"　　　　　　B. "wb+"　　　　　C. "rb+"　　　　　D. "ab"

6. 已知函数的调用形式：fread(buf,size,count,fp);，其中 buf 代表的是（　　　）。

    A. 一个整型变量，代表要读入的数据项总数

    B. 一个文件指针，指向要读的文件

    C. 一个指针，指向要读入的数据存放地址

    D. 一个存储区，存放要读的数据项

7. fseek() 函数用来移动文件的位置指针，其调用形式是（　　　）。

    A. fseek(位移方向 , 位移量 , 文件号)　　B. fseek(文件指针 , 位移量 , 起始点)

    C. fseek(文件指针 , 起始点 , 位移量)　　D. fseek(文件指针 , 位移方向 , 位移量)

8. fscanf() 函数的正确调用形式是（　　　）。

    A. fscanf(格式字符串 , 输出表列)

    B. fscanf(格式字符串 , 输出表列 ,fp)

    C. fscanf(格式字符串 , 文件指针 , 输出表列)

    D. fscanf(文件指针 , 格式字符串 , 输出表列)

9. fwrite() 函数的一般调用形式是（　　　）。

    A. fwrite(buffer,count,size,fp)　　　　B. fwrite(fp,size, count, buffer)

    C. fwrite(fp, count, size, buffer)　　　　D. fwrite(buffer, size,count, fp)

10. fgetc() 函数的作用是指定文件读入一个字符，该文件的打开方式是（　　　）。

    A. 只写　　　　　　B. 追加　　　　　　C. 读或读写　　　　D. B 和 C 正确

11. 若调用 fputc() 函数成功输出字符，则其返回值是（　　　）。

    A. EOF　　　　　　　B. 1　　　　　　　C. 0　　　　　　　D. 输出的字符

12. 函数调用语句：fseek(fp,-20L,2) 的含义是（　　　）。

    A. 将文件位置指针移到距离文件头 20 字节处

    B. 将文件位置指针从当前位置向后移动 20 字节

    C. 将文件位置指针从文件末尾处向后退 20 字节

    D. 将文件位置指针移到离当前位置 20 字节处

13. 利用 fseek() 函数可实现的操作是（　　　）。
  A. 改变文件位置指针
  B. 文件的顺序读写
  C. 文件的随机读写
  D. 以上答案均正确

14. rewind() 函数的作用是（　　　）。
  A. 使位置指针重新返回文件的开头
  B. 使位置指针指向文件所要求的特定位置
  C. 使位置指针重新返回文件的末尾
  D. 使位置指针自动移到下一个字符位置

15. ftell(fp) 函数的作用是（　　　）。
  A. 得到流式文件的当前读写位置
  B. 移动流式文件的位置指针
  C. 初始化流式文件的位置指针
  D. 以上答案均正确

16. 在 C 程序中，可把整型数以二进制形式存放到文件中的函数是（　　　）。
  A. fprintf()　　　　B. fread()　　　　C. fwrite()　　　　D. fputc()

17. 下列关于 C 语言数据文件的叙述中正确的是（　　　）。
  A. 文件由 ASCII 码字符序列组成，C 语言只能读写文本文件
  B. 文件由二进制数据序列组成，C 语言只能读写二进制文件
  C. 文件由记录序列组成，可按数据的存放形式分为二进制文件和文本文件
  D. 文件由数据流形式组成，可按数据的存放形式分为二进制文件和文本文件

18. 以下叙述中错误的是（　　　）。
  A. C 语言中对二进制文件的访问速度比文本文件快
  B. C 语言中，随机文件可以二进制代码形式存储数据
  C. FILE fp; 语句定义了一个名为 fp 的文件指针
  D. C 语言中的文本文件以 ASCII 码形式存储数据

二、编程题

1. 编写程序，由键盘输入一个文件名，然后把从键盘输入的字符依次存放到该文件中，用 '#' 作为结束输入的标志。

2. 编写程序，将指定的文本文件中某单词替换成另一个单词。

各章习题参考答案

第 1 章

一、选择题

1. D   2. B   3. D   4. C   5. D

二、填空题

1. 机器语言   2. 函数

3. 解决问题的具体步骤   4. 传统流程图 N-S 图

5. 块注释（或多行注释）   6. 编译

第 2 章

一、选择题

1. A   2. B   3. A   4. B   5. D

6. D   7. D   8. B   9. C   10. A

二、填空题

1. float   2. 0

3. 2   4. (a*a+b*b)/(2*a)

5. 下划线   6. sizeof()

7. -32

第 3 章

一、选择题

1. C   2. D   3. A   4. D   5. D

6. D   7. A   8. D   9. C   10. B

二、填空题

1. 顺序

2. 99 97 99

3. %□□□ABCDEFG% %ABCDEFG□□□%

4. 3,4,5

5. a □ b

6. 123.45679

7. 6,5,A,B

8. aabbccabc

9. a=A,b=D   a=66,b=67

10. 86

三、编程题

1. 从键盘上输入梯形的上底、下底和高，求梯形的面积。

程序代码如下：

```
#include <stdio.h>
void main()
{
    float a,b,h,s;
    printf("请输入梯形的上底、下底和高：\n");
    scanf("%f%f%f",&a,&b,&h);
    s=(a+b)*h/2;
    printf("面积为%.2f\n",s);
    return 0;
}
```

程序运行结果：

请输入梯形的上底、下底和高：
4 □ 6 □ 3↙
面积为15.00

2. 输入三个数 a、b、c，求这三个数的平均值（结果保留两位小数）。

程序代码如下：

```
#include <stdio.h>
int main()
{
    float a,b,c,avg;
    printf("请输入三个数：\n");
    scanf("%f%f%f",&a,&b,&c);
    avg=(a+b+c)/3;
    printf("平均值为%.2f\n",avg);
    return 0;
}
```

程序运行结果：

请输入三个数：
6 □ 9 □ 5↙
平均值为6.67

3. 求一元二次方程 $ax^2+bx+c=0$ 的根，由键盘输入 a、b、c，设 $a \neq 0$ 且 $b^2-4ac>0$。

程序代码如下：

```
#include <stdio.h>
```

```
#include <math.h>
int main()
{
    float a,b,c;
    float x1,x2,t;
    printf(" 输入一元二次方程的系数 a,b,c: \n");
    scanf("%f%f%f",&a,&b,&c);
    t=b*b-4*a*c;
    x1=(-b+sqrt(t))/(2*a);
    x2=(-b-sqrt(t))/(2*a);
    printf(" 方程的根为：x1=%f、x2=%f\n",x1,x2);
    return 0;
}
```

程序运行结果：

输入一元二次方程的系数 a,b,c:
1 □ -3 □ 2↙
方程的根为：x1=2.000000、x2=1.000000

4．在键盘上输入一个字符，在屏幕上显示其前后相连续的三个字符（例如，输入 b，则输出 abc）。

程序代码如下：

```
#include <stdio.h>
int main()
{
    char c;
    printf(" 请输入一个字符：\n");
    c=getchar();
    putchar(c-1);
    putchar(c);
    putchar(c+1);
    return 0;
}
```

程序运行结果：

请输入一个字符：
c↙
bcd

5．输入一个摄氏温度，输出其对应的华氏温度。

温度换算公式为：$F = \dfrac{9}{5}C + 32$（F 为华氏温度，C 为摄氏温度）

程序代码如下：

```
#include <stdio.h>
int main()
{
    float c,f;
    printf(" 请输入摄氏温度：\n");
```

```
    scanf("%f",&c);
    f=9*c/5+32;
    printf("%.1f℃=%.1f ℉\n",c,f);
    return 0;
}
```

程序运行结果：

请输入摄氏温度：
36↙
36.0℃=96.8 ℉

6. 按要求设计水果店计价小程序：水果店有三种水果，苹果12.8元/kg，梨子9元/kg，橘子3.5元/kg，请依次输入三种水果的购买数量（质量：kg），计算输出顾客的消费总金额（结果保留1位小数）。

程序代码如下：

```
#include <stdio.h>
int main()
{
    float a,b,c,s;
    printf("请输入苹果的购买数量（kg）: ");
    scanf("%f",&a);
    printf("请输入梨子的购买数量（kg）: ");
    scanf("%f",&b);
    printf("请输入橘子的购买数量（kg）: ");
    scanf("%f",&c);
    s=12.8*a+9.0*b+3.5*c;
    printf("总金额为 %.1f 元 \n",s);
}
```

程序运行结果：

请输入苹果的购买数量（kg）: 2↙
请输入梨子的购买数量（kg）: 5↙
请输入橘子的购买数量（kg）: 3↙
总金额为81.1元

7. 小明参加语文、数学和英语考试，输入小明的三门课程考试成绩，求三门课程考试成绩平均分。如果三门课程考试成绩分别以权重0.5、0.3和0.2计入总评成绩，求小明的最终总评成绩是多少？编写程序实现上述要求，平均成绩和总评成绩均只保留到整数位。

程序代码如下：

```
#include <stdio.h>
int main()
{
    float a,b,c,avg,sum;
    printf("请输入语文成绩: ");
    scanf("%f",&a);
    printf("请输入数学成绩: ");
    scanf("%f",&b);
```

```
    printf(" 请输入英语成绩: ");
    scanf("%f",&c);
    avg=(a+b+c)/3.0;
    sum=0.5*a+0.3*b+0.2*c;
    printf(" 平均成绩为 %.f, 总评成绩为 %.f。\n",avg,sum);
}
```

程序运行结果：

请输入语文成绩: 80↙
请输入数学成绩: 70↙
请输入英语成绩: 95↙
平均成绩为 82, 总评成绩为 80。

第 4 章

一、选择题

1. C	2. C	3. D	4. C	5. A
6. D	7. C	8. C	9. B	10. A
11. D	12. B	13. C	14. A	15. A

二、填空题

1. ++ && 2. 1 0

3. 1 0 4. x>10&&x<100||x<0

5. k=x>y?0:1; 6. 0

7. yes 8. 6

9. 2 10. 606060

三、编程题

1. 输入一个整数，判断该数是正数、负数还是零。

程序代码如下：

```
#include <stdio.h>
int main()
{
    int n;
    printf(" 请输入一个整数: \n");
    scanf("%d",&n);
    if(n>0)
        printf("%d 为正数 \n",n);
    else if(n==0)
        printf("%d 为零 \n",n);
    else
        printf("%d 为负数 \n",n);
    return 0;
}
```

程序运行结果：

```
请输入一个整数：
-5↙
-5为负数
```

2．为提倡居民节约用电，某省电力公司执行"阶梯电价"：月用电量在50 kW·h以内的，电价为0.85元/(kW·h)；超过50 kW·h的用电量，电价上调0.15元/(kW·h)。编写程序，输入用户的月用电量（kW·h），计算并输出该用户应支付的电费（元）。

程序代码如下：

```
#include <stdio.h>
int main()
{
    float x,y;
    printf("请输入月用电量（kW·h）为：\n");
    scanf("%f",&x);
    if(x<=50)
        y=0.85*x;
    else
        y=0.85*50+(0.85+0.15)*(x-50);
    printf("应支付的电费为%.2f元\n",y);
    return 0;
}
```

程序运行结果：

```
请输入月用电量（kW·h）为：
60↙
应支付的电费为52.50元
```

3．有一分段函数：

$$f(x)=\begin{cases}2x-1 & (x<0)\\0 & (0\leqslant x<10)\\x^2+1 & (x>10)\end{cases}$$

编写程序，输入x的值，求y的值。
程序代码如下：

```
#include <stdio.h>
int main()
{
    float x,y;
    printf("请输入x的值：\n");
    scanf("%f",&x);
    if(x<0)
        y=2*x-1;
    else if(x<10)
        y=0;
    else
```

```
        y=x*x+1;
    printf("y 的值为 %f\n",y);
    return 0;
}
```

程序运行结果：

请输入 x 的值：
12↙
y 的值为 145.000000

4. 输入一个年份，判断该年是否为闰年。

程序代码如下：

```
#include <stdio.h>
void main()
{
    int y;
    printf(" 请输入年份：\n");
    scanf("%d",&y);
    if((y%4==0&&y%100!=0)||y%400==0)
        printf("%d 年是闰年 \n",y);
    else
        printf("%d 年不是闰年 \n",y);
    return 0;
}
```

程序运行结果：

请输入年份：
2016↙
2016 年是闰年

5. 求一元二次方程 $ax^2+bx+c=0$ 的解，a、b、c 的值由键盘输入，求解时有以下几种可能：

（1）$a=0$，不是一元二次方程。

（2）$b^2-4ac>0$，有两个不等实根。

（3）$b^2-4ac=0$，有两个相等实根。

（4）$b^2-4ac<0$，有两个共轭复根。

程序代码如下：

```
#include <stdio.h>
#include <math.h>
int main()
{
    double a,b,c;
    double x1,x2,x,t,p,q;
    printf(" 请输入一元二次方程的系数 a,b,c：\n");
    scanf("%lf%lf%lf",&a,&b,&c);
    t=b*b-4*a*c;
    if(a==0)
        printf(" 不是一元二次方程 !\n");
```

```
    else
        if(t>0)
        {
            x1=(-b+sqrt(t))/(2*a);
            x2=(-b-sqrt(t))/(2*a);
            printf(" 方程有两个不同实根：x1=%.2f、x2=%.2f\n",x1,x2);
        }
        else if(t==0)
        {
            x=-b/(2*a);
            printf(" 方程有两个相同的实根：x1=x2=%.2f\n",x);
        }
        else
        {
            p=(-b)/(2*a);
            q=sqrt(-t)/(2*a);
            printf(" 方程有两个不同虚根：x1=%.2f+%.2fi、x2=%.2f-%.2fi\n",p,q,p,q);
        }
    return 0;
}
```

程序运行结果：

请输入一元二次方程的系数 a,b,c:
1□2□1↙
方程有两个相同的实根：x1=x2=-1.00

再次运行程序：

请输入一元二次方程的系数 a,b,c:
1□1□1↙
方程有两个不同虚根：x1=-0.50+0.87i、x2=-0.50-0.87i

6. 设计一个显示菜单的程序，当用户选择不同的选项时显示不同的信息。要求输出如下菜单：

1: 输入成绩
2: 查询成绩
3: 打印成绩
0: 退出系统
请选择（0~3）：

程序功能：如果输入1，则显示"请输入"；输入2，则显示"请输入查询学生的学号"；输入3，则显示"正在打印"；输入0，则显示"谢谢使用"；输入其他，则显示"输入有误"。

程序代码如下：

```
#include <stdio.h>
int main()
{
    int x;
    printf("1：输入成绩 \n2：查询成绩 \n3：打印成绩 \n0：退出系统 \n");
    printf(" 请选择（0~3）：");
    scanf("%d",&x);
    switch(x)
```

```
    {
        case 1: printf(" 请输入 \n"); break;
        case 2: printf(" 请输入查询学生的学号 \n"); break;
        case 3: printf(" 正在打印 \n"); break;
        case 0: printf(" 谢谢使用 \n"); break;
        default: printf(" 输入有误 \n");
    }
    return 0;
}
```

程序运行结果:

```
1: 输入成绩
2: 查询成绩
3: 打印成绩
0: 退出系统
请选择（0~3）: 2↙
请输入查询学生的学号
```

7. 编程实现：输入年份和月份，输出该月有多少天？

程序代码如下:

```
#include <stdio.h>
int main()
{
    int y , m ;
    printf(" 请输入年份: \n");
    scanf("%d",&y);
    printf(" 请输入月份: \n");
    scanf("%d",&m);
    switch(m)
    {
        case 1:
        case 3:
        case 5:
        case 7:
        case 8:
        case 10:
        case 12: printf("%d 年 %d 月有 31 天 \n",y,m); break;
        case 4:
        case 6:
        case 9:
        case 11: printf("%d 年 %d 月有 30 天 \n",y,m); break;
        case 2:
            if(y%4==0 && y%100!=0 || y%400==0 )
                printf("%d 年 %d 月有 29 天 \n",y,m);
            else
                printf("%d 年 %d 月有 28 天 \n",y,m);
            break;
        default: printf(" 输入有误!  \n"); break;
    }
}
```

程序运行结果：

请输入年份：
2019↙
请输入月份：
4↙
2019 年 4 月有 30 天

再次运行程序：

请输入年份：
2008↙
请输入月份：
2↙
2008 年 2 月有 29 天

第 5 章

一、选择题

1. D	2. D	3. B	4. B	5. B
6. D	7. C	8. D	9. B	10. C

二、填空题

1. a==0	2. 32,28,30
3. 8	4. 4
5. 20	6. a=2,b=8
7. 5	8. a=1,b=2
9. k=14	10. 循环 switch
11. t*10	12. 17
13. 0	14. 10

三、编程题

1. 求 *n*!。

```c
#include <stdio.h>
int main()
{
    int n,i;
    double p=1;    // 这里用的是 double, 不用 int, 因为 int 范围太小
    printf(" 请输入一个数字 :");
    scanf("%d",&n);
    for(i=2;i<=n;i++)
        p*=i;
    printf("n!=%lf\n",p);
    return 0;
}
```

2. 求这样一个三位数，该三位数等于其每位数字的阶乘之和。即：abc = *a*! + *b*! + *c*!。

```c
#include <stdio.h>
#include <stdlib.h>
int main()
{
    int a,b,c,i,w=0,f,q,k,j;
    for(i=100;i<1000;i++)
    {
        f=1;
        q=1;
        k=1;
        a=i/100;
        b=i/10%10;
        c=i%10;
        for(j=1;j<=a;j++)
        {
            k=k*j;
        }
        for(j=1;j<=b;j++)
        {
            f=fj;
        }
        for(j=1;j<=c;j++)
        {
            q=q*j;
        }
        if(k+f+q==i)
            printf("%d\n",i);
    }
    return 0;
}
```

3. 连续输入若干个正整数，求出其和及平均值，直到输入0时结束。

```c
#include <stdio.h>
int main()
{
    int n,i=0;
    double average, sum =0;
    scanf("%d",&n);
    while(n!=0)
    {
        ++i;
        sum+=n;
        scanf("%d",&n);
    }
    average=sum/i;
    printf("sum=%f,ver=%f",sum,ver);
    return 0;
}
```

4．编写程序，求 $S=1/(1+2)+1/(2+3)+1/(3+4)+\cdots$前50项的和。

```c
#include<stdio.h>
int main()
{
    int i;
    float y=0;
    for(i=1;i<=50;i++)
        y+=1.0/(i*(i+1));
    printf("%g\n",y);
    return 0;
}
```

5．编程求出 1 000～3 000之间能被7、11、17同时整除的整数的平均值，并输出（结果保留两位小数）。

```c
#include <stdio.h>
int main( )
{
    int i=1000;
    int sum=0;                              // 求和
    int count=0;                            // 计数
    float average=0.00;                     // 平均值
    for(i;i<=3000;i++)
    {
        if(i%7==0 && i%11==0 && i%17==0)    // 判断整除
        {
            sum=sum+i;
            count=count+1;
            // 输出结果
            printf("sum:%d \n",sum);
            printf("i:%d\n",i);
            printf("count:%d\n",count);
        }
    }
    average=sum/count;
    printf("average:%.2f\n",average);
    return 0;
}
```

6．编程找出满足下列条件的所有四位数的和并输出：该数第一、三位数字之和为10，第二、四位数字之积为12。

```c
#include <stdio.h>
int main()
{
    int num=0,i=0,count=0;
    int a,b,c,d;
    for(i=1000;i<10000;i++)
    {
        a=i%10;                 //4
```

```
        b=(i/10)%10;                              //3
        c=(i/100)%10;                             .//2
        d=(i/1000)%10;                            //1
        if(b+d==10&&a*c==12)
        {
            printf("%5d ",i);
            count++;
            if(count%10==0) printf("\n");
        }
    }
    getchar();
    return 0;
}
```

7. 计算 $s=1-1/3 + 1/5- 1/7+\cdots-1/101$ 的值并输出。

```
#include <stdio.h>
int main()
{
    int i,f=1;
    float sum=0.0;
    for(i=1;i<102;i+=2)
    {
        sum+=f*1.0/i;
        f=-f;
    }
    printf("%f\n",sum);
    return 0;
}
```

8. 输入一个正整数，要求以相反的顺序输出该数。例如输入12345，输出为54321。

```
#include <stdio.h>
int main()
{
    int n=-1;
    while(n<=0)
    {
        printf("\nInput:");
        scanf("%d",&n);
    }
    printf("\n\n");
    while(n)
    {
        printf("%d",n%10);
        n=n/10;
    }
    return 0;
}
```

9. 用迭代法求 $x = \sqrt{a}$。求平方根的迭代公式为 $x_{n+1} = \frac{1}{2}\left(x_n + \frac{a}{x_n}\right)$。前后两次求出的 x 差的绝对

值小于 10^{-5}。

```c
#include <stdio.h>
#include <math.h>
int main()
{
    float x1, x2,a;
    printf("请输入 a=");
    scanf ("%f",&a);
    x1=a/2;
    x2=(x1+a/x1)/2;
    do
    {
        x1=x2;
        x2=(x1+a/x1)/2;
    } while(fabs(x1-x2)>=1e-5);
    printf("%8.5f 的根是 %8.5f\n",a,x2);
    return 0;
}
```

10. 输入一个正整数，输出它的所有质数因子。

```c
#include <stdio.h>
int main( )
{
    int m,i=2;
    printf("请输入一个整数 :");
    scanf("%d",&m);
    while(m!=1)
        if(m%i==0)
        {
            printf("%d  ",i);
            m/=i;
        }
        else
            i++;
    printf("\n");
}
```

11. 编写程序，求出所有各位数字的立方和等于1099的3位整数。

```c
#include <stdio.h>
int main()
{
    int  i,j,k;
    for(i=1;i<=9;i++)                    /* 百位数 */
        for(j=0;j<=9;j++)                /* 十位数 */
            for(k=0;k<=9;k++)            /* 个位数 */
                if(i*i*i+j*j*j+k*k*k==1099)
                    printf("各位数字的立方和等于 1099 的整数是：%d\n",i*100+j*10+k);
    return 0;
}
```

12. 计算并输出方程 $x^2+y^2=1\,989$ 的所有整数解。

```c
#include <stdio.h>
int main()
{
    int x,y;
    printf("X^2+Y^2=1989的所有整数解是：\n");
        for(x=-45;x<=45;x++)
            for(y=-45;y<=45;y++)
                if(x*x+y*y==1989)
                {
                    printf("X=%d, Y=%d \n",x,y);
                    printf("(%d*%d)+(%d*%d)=%d\n",x,x,y,y,1989);
                }
    return 0;
}
```

13. 编写程序，按下列公式计算 e 的值（精度为 1.0×10^{-6}）：$e=1+1/1!+1/2!+1/3!+\cdots+1/n!+\cdots$。

```c
#include <stdio.h>
int main()
{
    int   t=1,i=1;
    double  e=1,x=1;
    while(x>1e-6)
    {
        t=t*i;
        x=1.0/t;
        e=e+x;
        i++;
    }
    printf("e=%lf\n",e);
    return 0;
}
```

14. 编写程序，按下列公式计算 y 的值（精度为 1.0×10^{-6}）：

$$y = \sum_{r=1}^{n} \frac{1}{r^2+1}$$

```c
#include <stdio.h>
int main()
{
    int r=1;
    double x=1, y=0 ;
    while(x>1e-6)
    {
        x=1.0/(r*r+1);
        printf("x=%lf\n",x);
        y=y+x;
        r++;
    }
```

```
        printf("y=%lf\n",y);
        return 0;
    }
```

15. 输出6～10 000之间的亲密数对。说明：若(a,b)是亲密数对，则a的因子和等于b，b的因子和等于a，且a不等于b。如(220,284)是一对亲密数对。

```
#include <stdio.h>
int main()
{
    int  i,a,b,c;
    for(a=6;a<=10000;a++)
    {
        b=c=1;
        for(i=2;i<=a/2;i++)
            if(a%i==0)   b=b+i;
        for(i=2;i<=b/2;i++)
            if(b%i==0)   c=c+i;
        if(a==c && a!=b)
            printf("%6d,%6d\n",a,b);
    }
    return 0;
}
```

16. 求 $S_n=a+aa+aaa+\cdots+\overbrace{aa\cdots a}^{n个a}$ 之值，其中a代表1～9中的一个数字。例如，a代表2，则求 2+22+222+2222+22222（此时n=5），a和n由键盘输入。

```
#include <stdio.h>
int main( )
{
    int a,n,s,i,t;
    printf(" 输入 a 和 n 的值: ");
    scanf("%d%d",&a,&n);
    printf("a=%d,n=%d \n",a,n);
    t=a;                                    /*t 表示每个项 */
    for(i=1,s=0;i<=n;i++)
    {
        s=s+t;                              /*s 表示每个项累加求和 */
        printf("%d",t);                     /* 格式输出 */
        if(i<n) printf("+");                /* 格式输出 */
        t=t*10+a;                           /* 计算下一项 */
    }
    printf("=%d\n",s);                      /* 格式输出 */
    return 0;
}
```

17. 猴子吃桃子问题。猴子第一天摘下若干个桃子，当即吃了一半，还不过瘾，又多吃了一个。第二天早上又将剩下的桃子吃掉一半，又多吃了一个。以后每天早上都吃了昨天的一半零一个。到第10天早上一看，只剩下一个桃子了。求第一天共摘下多少个桃子。

/* 设今天的桃子数为 y，昨天的桃子数为 x，则有：y=x-(x/2+1)，推导得：x=2* (y+1)。从第 10 天

y=1 起求出 x，把 x 又当成今天（y=x）求昨天（x），这样向前推 9 天，即为第一天的桃子数 */

```c
#include <stdio.h>
int main()
{
    int i,x,y=1;
    for(i=1;i<10;i++)
    {
        x=2*(y+1);
        y=x;
    }
    printf(" 第一天共摘下桃子数为：%d\n", x ) ;
    return 0;
}
```

第 6 章

一、选择题

1. D	2. A	3. D	4. C	5. C
6. D	7. C	8. C	9. D	10. B
11. C	12. A	13. C	14. D	15. D

二、编程题

1. 对 10 个数组元素依次赋值为 0，1，2，3，4，5，6，7，8，9，要求按逆序输出，输出结果为：9，8，7，6，5，4，3，2，1，0。

参考代码：

```c
#include <stdio.h>
int  main()
{
    int a[]={0,1,2,3,4,5,6,7,8,9};
    int i;
    for(i=9;i>=0;i--)
    {
        printf("%d  ",a[i]);
    }
    return 0;
}
```

2. 不调用库函数，在 main() 函数中实现求字符串实际长度，并输出。

```c
#include <stdio.h>
int main()
{
    int i;
    char a[100];
    int nCount=0;                      /* 统计字符的个数 */
    printf(" 请输入字符串，不超过 100 个字符 \n");
    gets(a);
```

```
    for(i=0;a[i]!='\0';i++)
    {
        nCount ++;
    }
    printf(" 字符个数 :%d\n",nCount);
    return 0;
}
```

3. 通过键盘给一维整型数组 a[10] 中的各个元素赋值，求出平均值，并统计出小于平均值的元素个数。

```
#include <stdio.h>
int main()
{
    int a[10],sum=0;
    int i,nCount=0;
    double ave ;
    for(i=0;i<=9;i++)
    {
        scanf("%d",&a[i]);
        sum=sum+a[i];
    }
    ave=sum/10.0;
    for(i=0;i<=9;i++)
    {
        if(a[i]<ave) nCount++;
    }
    printf(" 平均值：%.2lf，低于平均值的个数：%d\n",ave,nCount);
    return 0;
}
```

4. 在 main() 函数中实现：求二维整型数组 a[5][5] 的数组元素中的最大值所在位置（行标和列标是多少）及最大值是多少。

```
#include <stdio.h>
int main()
{
    int a[5][5];
    int i,j;
    int maxI,maxJ,max;

    for(i=0;i<=4;i++)
    {
        for(j=0;j<=4;j++)
        {
            scanf("%d",&a[i][j]);
        }
    }
    max=a[0][0];
    maxI=0;
    maxJ=0;
```

```
    for(i=0;i<=4;i++)
    {
        for(j=0;j<=4;j++)
        {
            if(max<=a[i][j])
            {
                max=a[i][j];
                maxI=i;
                maxJ=j;
            }
        }
    }
    printf("最大值：%d，行的下标为%d，列的下标为%d\n",max,maxI, maxJ);
    return 0;
}
```

第 7 章

一、选择题

1. B	2. D	3. C	4. B	5. D
6. C	7. B	8. B	9. C	10. A
11. D	12. B	13. A	14. C	15. B
16. D	17. C	18. B	19. B	20. B

二、填空题

1. 5 6   2. 3,2,2,3

3. 246   4. 120

5. 0, 0

    0, 1

三、编程题

1. 定义一个函数 int fun(int a,int b,int c)，它的功能是：若a、b、c能构成等边三角形，函数返回3，若能构成等腰三角形，函数返回2，若能构成一般三角形，函数返回1，若不能构成三角形，函数返回0。

```
#include <stdio.h>
int  fun(int a,int b,int c)
{
    if(a+b>c&&b+c>a&&a+c>b)
    {
        if(a==b&&b==c )
            return 3;
        else if(a==b||b==c||a==c)
            return  2;
        else return 1;
    }
```

```
    else   return   0;
}
void main()
{
    int   a,b,c,shape;
    printf("\nInput a,b,c:");
    scanf("%d%d%d",&a,&b,&c);
    printf("\na=%d,b=%d,c=%d\n",a,b,c);
    shape =fun(a,b,c);
    printf("\n\nThe shape:%d\n",shape);
}
```

2. 编写函数 fan(int m)，计算任意输入整数的各位数字之和。主函数包括输入、输出和调用函数。

```
#include <stdio.h>
int fan(int m);
void main()
{
    int n,s;
    scanf("%d",&n);
    s=fan(n);
    printf("s=%d\n",s);
}
int fan(int m)
{
    int x,s=0;
    while(m!=0)
    {
        x=m%10;
        m=m/10;
        s=s+x;
    }
    return s;
}
```

3. 编写函数 isprime()，用来判断整型数 x 是否为素数，若是素数，函数返回 1，否则返回 0。

```
#include <stdio.h>
int isprime(int n)
{
    int i;
    for(i=2;i<n;i++)
        if(n%i==0) return 0;
    return 1;
}
void main()
{
    int x=57;
    if(isprime(x)) printf("%d 是素数！\n",x);
    else printf("%d 不是素数！\n",x);
}
```

4. 编写两个函数，函数功能分别是：求两个整数的最大公约数和最小公倍数，要求输入/输出均在主函数中完成。

算法过程：设两数为a、b，其中a做被除数，b做除数，temp为余数。

（1）大数放a中、小数放b中；

（2）求a/b的余数；

（3）若temp=0则b为最大公约数；

（4）如果temp!=0，则把b的值给a、temp的值给a；

（5）返回（2）。

参考代码：

```
#include<stdio.h>
int divisor(int a,int b)        /* 自定义函数，求两数的最大公约数 */
{
    int  temp;                  /* 定义整型变量 */
    if(a<b)                     /* 通过比较求出两个数中的最大值和最小值 */
    { temp=a;a=b;b=temp;}       /* 设置中间变量进行两数交换 */
    while(b!=0)                 /* 通过循环求两数的余数，直到余数为 0*/
    {
        temp=a%b;
        a=b;                    /* 变量数值交换 */
        b=temp;
    }
    return(a);                  /* 返回最大公约数到调用函数处 */
}
int multiple(int a,int b)       /* 自定义函数，求两数的最小公倍数 */
{
    int temp;
    temp=divisor(a,b);          /* 再次调用自定义函数，求出最大公约数 */
    return(a*b/temp);           /* 返回最小公倍数到主调函数处进行输出 */
}
int main()
{
    int m,n,t1,t2;              /* 定义整型变量 */
    printf("please input two integer number:");     /* 提示输入两个整数 */
    scanf("%d%d",&m,&n);                            /* 通过终端输入两个数 */
    t1=divisor(m,n);                                /* 自定义主调函数 */
    t2=multiple(m,n);                               /* 自定义主调函数 */
    printf("The highest common divisor is %d\n",t1);    /* 输出最大公约数 */
    printf("The lowest common multiple is %d\n",t2);    /* 输出最小公倍数 */
    return 0;
}
```

5. 已知一个数列的前三项分别为0，0，1，以后的各项都是其相邻的前三项之和，计算并输出该数列前n项的平方根之和sum。例如，当n＝10时，程序的输出结果为23.197745。

```
#include <stdio.h>
#include <math.h>
double fun(int n)
```

```
{
    double sum,s0,s1,s2,s;
    int k;
    sum=1.0;
    if(n<=2)
        sum=0.0;
    s0=0.0;s1=0.0;s2=1.0;
    for(k=4;k<=n;k++)
    {
        s=s0+s1+s2;
        sum+=sqrt(s);
        s0=s1;s1=s2;s2=s;
    }
    return sum;
}
int main( )
{
    int n;
    printf("Input N=");
    scanf("%d",&n);
    printf("%f\n",fun(n));
    return 0;
}
```

第 8 章

一、选择题

1. C　　　　2. C　　　　3. B　　　　4. D　　　　5. D
6. C　　　　7. C　　　　8. A　　　　9. B　　　　10. B
11. A　　　　12. B　　　　13. D　　　　14. C　　　　15. D

二、编程题

1. 从键盘输入一个字符串，编程将其字符顺序颠倒后重新存放，并输出这个字符串。

```
#include <stdio.h>
#include <string.h>
int main()
{
    char str[100];
    char temp;
    int i,j,len;
    printf(" 请输入字符串 \n");
    gets(str);
    len=strlen(str);
    for(i=0,j=len-1;i<=j;i++,j--)
    {
        temp=str[i];
```

```
            str[i]=str[j];
            str[j]=temp;
        }
    str[len]='\0';
    puts(str);
    return 0;
}
```

2．定义一个函数，用指针变量作参数，求10个整数的最大值和最小值，在主函数中输入10个整数，并在主函数中输出最大和最小值。

```
#include <stdio.h>
void fun(int a[],int *pMax,int *pMin)
{
    int i;
    *pMax=a[0];
    *pMin=a[0];
    for(i=0;i<=9;i++)
    {
        if(*pMax<a[i]) *pMax=a[i];
        if(*pMin>a[i]) *pMin=a[i];
    }
}
int main()
{
    int a[10],max,min;
    int i;
    for(i=0;i<=9;i++)
    {
        scanf("%d",&a[i]);
    }
    fun(a,&max,&min);
    printf("最大值:%d,最小值:%d\n",max,min);
    return 0;
}
```

3．编写函数，使用指针变量作函数参数，实现strlen()函数的功能。

```
#include <stdio.h>
int fun(char a[])
{
    int n,i;
    n=0;
    for(i=0;a[i]!='\0';i++)
    {
        n++;
    }
    return n;
}
int main()
{
```

```
    char a[100];
    gets(a);
    printf(" 字符串的个数 :%d\n",fun(a));
}
```

第 9 章

一、选择题

1. A　　　　2. C　　　　3. B　　　　4. D　　　　5. C
6. C　　　　7. D　　　　8. D　　　　9. C　　　　10. D

二、填空题

1. struct　　struct student　　stu
2. struct DATE d={2011,10,2};
3. 12　0
4. <person+3　old = q->age;
5. stu.name　&stu.score　p->name　p->score
6. 21

三、编程题

1. 使用两个结构体变量，分别存放用户输入的两个日期（包括年、月、日），然后计算两日期之间相隔多少天。

```c
#include <stdio.h>
struct date
{
    int year;
    int month;
    int day;
};
int main()
{
    int isPrime(int year);
    int dateDiff(struct date mindate,struct date maxdate);
    struct date mindate,maxdate;
    int days;
    printf("please input the one date:");
    scanf("%i-%i-%i",&mindate.year,&mindate.month,&mindate.day);
    printf("please input other day:");
    scanf("%i-%i-%i",&maxdate.year,&maxdate.month,&maxdate.day);
    days=dateDiff(mindate,maxdate);
    printf("the day is:%d\n",days);
    return 0;
}
// 判断闰年函数
int isPrime(int year)
{
    if((year%4==0&&year%100!=0)||(year%400==0))
    {
        return 1;
    }
```

```
    else
    {
        return 0;
    }
}
int dateDiff(struct date mindate,struct date maxdate)
{
    int days=0, flag=1;
    const int primeMonth[12]={31,29,31,30,31,30,31,31,30,31,30,31};
    const int notPrimeMonth[12]={31,28,31,30,31,30,31,31,30,31,30,31};
    struct date tmp;
    if((mindate.year>maxdate.year)|| (mindate.year==maxdate.year&&&mindate.
month>maxdate.month)||(mindate.year==maxdate.year&&mindate.month==maxdate.
month&&&mindate.day>maxdate.day))
    {
        tmp=mindate;
        mindate=maxdate;
        maxdate=tmp;
    }
    int maxmonth,minmonth;

    if (maxdate.month<mindate.month)
    {
        maxmonth=mindate.month;
        minmonth=maxdate.month;
        flag=-1;
    }
    else
    {
        maxmonth=maxdate.month;
        minmonth=mindate.month;
        flag=1;
    }
    for(int j=mindate.year;j<maxdate.year;++j)
    {
        if(isPrime(j)==1)
        {
            days+=366;
        }
        else
            days+=365;
    }
    int day;
    if(isPrime(maxdate.year)==1)
    {
        for(int i=minmonth;i<maxmonth;i++)
        {
            day=primeMonth[i-1]*flag;
            days=days+day;
        }
        days=days+maxdate.day-mindate.day;
    }
```

```
        else
        {
            for (int i=minmonth;i<maxmonth;i++)
            {
                day=notPrimeMonth[i-1]*flag;
                days=days+day;
            }
            days=days+maxdate.day-mindate.day;
        }
        return days;
    }
```

2．有10个学生，每个学生的数据包括学号、姓名、三门课的成绩。从键盘输入10个学生数据，要求打印出三门课的平均成绩，以及最高分的学生数据（包括学号、姓名、三门课的成绩、平均分数）。

```c
#include <stdio.h>
struct Student
{
    int num;
    char name[20];
    float score[3], average;
};
int main(void)
{
    int i,j;
    struct Student std[10]={0}, temp;
    puts("Please enter information of student:");
    for(i=0;i<10;++i)
    {
        scanf("%d%s",&std[i].num,std[i].name);
        for(j=0;j<3;++j)
        {
            scanf("%f", &std[i].score[j]);
            std[i].average+=std[i].score[j];
        }
        std[i].average/=3;
    }
    for(i=0;i<9;++i)
    {
        for(j=0;j<9-i;++j)
        {
            if(std[j].average<std[j+1].average)
            {
                temp=std[j];
                std[j]=std[j+1];
                std[j+1]=temp;
            }
        }
    }
```

```
    for(i=0;i<10;++i)
    {
        printf("Num=%d Name=%-6s ",std[i].num,std[i].name);
        printf("Score1=%0.2f Score2=%0.2f Score3=%0.2f ",std[i].score[0],
std[i].score[1],std[i].score[2]);
        printf("Average=%0.2f\n",std[i].average);
    }
    return 0;
}
```

第 10 章

一、选择题

1. D	2. D	3. B	4. A	5. B
6. C	7. B	8. D	9. D	10. C
11. D	12. B	13. D	14. A	15. A
16. C	17. D	18. C		

二、编程题

1. 编写程序，由键盘输入一个文件名，然后把从键盘输入的字符依次存放到该文件中，用'#'作为结束输入的标志。

```
#include <stdio.h>
main( )
{
    FILE *fp;
    char ch,fname[10];
    printf(" 输入一个文件名：");
    gets(fname);
    if((fp=fopen(fname,"w+"))==NULL)
    {
        printf(" 不能打开 %s 文件 \n",fname);
        exit(1);
    }
    printf(" 输入数据 :\n");
    while((ch=getchar())!='#')
        fputc(ch,fp);
    fclose(fp);
}
```

2. 编写程序，将指定的文本文件中某单词替换成另一个单词。

```
#include <stdio.h>
#include <string.h>
main(int argc,char *argv{])
{
    char buff[256];
    FILE *fp1,*fp2;
```

```
    if(argc<5)
    {
        printf("Usage:replaceword oldfile newfile oldword newword\n");
        exit(0);
    }
    if((fp1=fopen(argv[1],"r"))==NULL)
    {
        printf("不能打开%s文件\n",argv[1]);
        exit(1);
    }
    if((fp2=fopen(argv[2],"w"))==NULL)
    {
        printf("不能建立%s文件\n",argv[2]);
        exit(1);
    }
    while(fgets(buff,256,fp1)!=NULL)
    {
        while(str_replace(argv[3],argv[4],buff)!=-1);
        fputs(buff,fp2);
    }
    fclose(fp1);
    fclose(fp2);
}
int str_replace(char oldstr[],char newstr[],char str[])
{
    int i,j,k,location=-1;
    char temp[256],temp1[256];
    for(i=0;str[i]&&(location==-1);i++)
    for(j=i,k=0;str[j]==oldstr[k];j++,k++)
        if(!oldstr[k+1])
            location=i;
    if(location!=-1)
    {
        for(i=0;i<location;i++)
        temp[i]=str[i];
        temp[i]='\0';
        strcat(temp,newstr);
        for(k=0;oldstr[k];k++);
        for(i=0,j=location+k;str[j];i++,j++)
            temp1[i]=str[j];
        temp1[i]='\0';
        strcat(temp,temp1);
        strcpy(str,temp);
        return(location);
    }
    else
    return(-1);
}
```

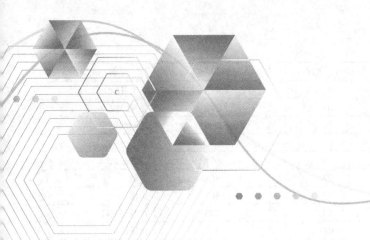

附 录

附录 A　ASCII 码表

ASCII（American Standard Code for Information Interchange，美国信息交换标准代码）是基于拉丁字母的一套编码系统，由美国国家标准学会（American National Standard Institute，ANSI）制定，主要用于显示现代英语和其他西欧语言，是现今最通用的单字节编码系统。

ASCII 码最初是美国国家标准，供不同计算机在相互通信时用作共同遵守的西文字符编码标准，它已被国际标准化组织（International Organization for Standardization，ISO）定为国际标准，称为 ISO 646 标准。

ASCII 码使用指定的 7 位或 8 位二进制数组合表示 128 或 256 种可能的字符。标准 ASCII 码又称基础 ASCII 码，使用 7 位二进制数表示所有大写和小写字母，数字 0 到 9、标点符号，以及在美式英语中使用的特殊控制字符。其中：

0～31 及 127（共 33 个）是控制字符或通信专用字符（其余为可显示字符），如控制符：LF（换行）、CR（回车）、FF（换页）、DEL（删除）、BS（退格）、BEL（振铃）等；通信专用字符：SOH（文头）、EOT（文尾）、ACK（确认）等；ASCII 值为 8、9、10 和 13 分别转换为退格、制表、换行和回车字符。它们并没有特定的图形显示，但会依不同的应用程序，而对文本显示有不同的影响。

32～126（共 95 个）是字符（32 是空格），其中 48～57 为 0 至 9 十个阿拉伯数字；65～90 为 26 个大写英文字母，97～122 为 26 个小写英文字母，其余为一些标点符号、运算符号等。

在标准 ASCII 中，其最高位（b_7）用作奇偶校验位。目前许多基于 x86 的系统都支持使用扩展（或"高"）ASCII 码。扩展 ASCII 码允许将每个字符的第 8 位用于确定附加的 128 个特殊符号字符、外来语字母和图形符号。ASCII 码表见附表 A.1。

附表 A.1　ASCII 码表

二 进 制	十 进 制	十 六 进 制	缩写 / 字符	解　释
00000000	0	00	NUL	空字符
00000001	1	01	SOH	标题开始

续表

二　进　制	十　进　制	十　六　进　制	缩写 / 字符	解　　释
00000010	2	02	STX	正文开始
00000011	3	03	ETX	正文结束
00000100	4	04	EOT	传输结束
00000101	5	05	ENQ	请求
00000110	6	06	ACK	收到通知
00000111	7	07	BEL	响铃
00001000	8	08	BS	退格
00001001	9	09	HT	水平制表符
00001010	10	0A	LF	换行键
00001011	11	0B	VT	垂直制表符
00001100	12	0C	FF	换页键
00001101	13	0D	CR	回车键
00001110	14	0E	SO	不用切换
00001111	15	0F	SI	启用切换
00010000	16	10	DLE	数据链路转义
00010001	17	11	DC1	设备控制 1
00010010	18	12	DC2	设备控制 2
00010011	19	13	DC3	设备控制 3
00010100	20	14	DC4	设备控制 4
00010101	21	15	NAK	拒绝接收
00010110	22	16	SYN	同步空闲
00010111	23	17	ETB	传输块结束
00011000	24	18	CAN	取消
00011001	25	19	EM	介质中断
00011010	26	1A	SUB	替补
00011011	27	1B	ESC	溢出
00011100	28	1C	FS	文件分隔符
00011101	29	1D	GS	分组符
00011110	30	1E	RS	记录分离符
00011111	31	1F	US	单元分隔符
00100000	32	20	(space)	空格
00100001	33	21	!	
00100010	34	22	"	
00100011	35	23	#	
00100100	36	24	$	
00100101	37	25	%	
00100110	38	26	&	
00100111	39	27	'	
00101000	40	28	(	
00101001	41	29	)	
00101010	42	2A	*	
00101011	43	2B	+	
00101100	44	2C	,	

二 进 制	十 进 制	十 六 进 制	缩写 / 字符	解 释
00101101	45	2D	-	
00101110	46	2E	.	
00101111	47	2F	/	
00110000	48	30	0	
00110001	49	31	1	
00110010	50	32	2	
00110011	51	33	3	
00110100	52	34	4	
00110101	53	35	5	
00110110	54	36	6	
00110111	55	37	7	
00111000	56	38	8	
00111001	57	39	9	
00111010	58	3A	:	
00111011	59	3B	;	
00111100	60	3C	<	
00111101	61	3D	=	
00111110	62	3E	>	
00111111	63	3F	?	
01000000	64	40	@	
01000001	65	41	A	
01000010	66	42	B	
01000011	67	43	C	
01000100	68	44	D	
01000101	69	45	E	
01000110	70	46	F	
01000111	71	47	G	
01001000	72	48	H	
01001001	73	49	I	
01001010	74	4A	J	
01001011	75	4B	K	
01001100	76	4C	L	
01001101	77	4D	M	
01001110	78	4E	N	
01001111	79	4F	O	
01010000	80	50	P	
01010001	81	51	Q	
01010010	82	52	R	
01010011	83	53	S	
01010100	84	54	T	
01010101	85	55	U	
01010110	86	56	V	
01010111	87	57	W	

二 进 制	十 进 制	十 六 进 制	缩写/字符	解 释
01011000	88	58	X	
01011001	89	59	Y	
01011010	90	5A	Z	
01011011	91	5B	[	
01011100	92	5C	\	
01011101	93	5D	]	
01011110	94	5E	^	
01011111	95	5F	_	
01100000	96	60	`	
01100001	97	61	a	
01100010	98	62	b	
01100011	99	63	c	
01100100	100	64	d	
01100101	101	65	e	
01100110	102	66	f	
01100111	103	67	g	
01101000	104	68	h	
01101001	105	69	i	
01101010	106	6A	j	
01101011	107	6B	k	
01101100	108	6C	l	
01101101	109	6D	m	
01101110	110	6E	n	
01101111	111	6F	o	
01110000	112	70	p	
01110001	113	71	q	
01110010	114	72	r	
01110011	115	73	s	
01110100	116	74	t	
01110101	117	75	u	
01110110	118	76	v	
01110111	119	77	w	
01111000	120	78	x	
01111001	121	79	y	
01111010	122	7A	z	
01111011	123	7B	{	
01111100	124	7C	|	
01111101	125	7D	}	
01111110	126	7E	~	
01111111	127	7F	DEL (delete)	删除

附录 B　运算符的优先级和结合性

优先级	运 算 符	功　能	结 合 方 向	操作符类型
1	()	圆括号、函数参数表	从左至右	单目运算符
	[]	下标运算		
	->	指向结构体成员	从左至右	双目运算符
	.	成员运算符		
2	!	逻辑非	从右至左	单目运算符
	~	按位取反		
	++、--	自增和自减		
	-	取负运算		
	(类型标识符)	强制类型转换		
	*	取内容		
	&	取地址运算符		
	sizeof	求所占字节数		
3	*、/、%	乘、除、求余	从左至右	双目算术运算符
4	+、-	加、减	从左至右	双目算术运算符
5	<<、>>	按位左移、按位右移	从左至右	双目位运算符
6	<、<=、>、>=	关系运算符	从左至右	双目关系运算符
7	==、!=	等于、不等于	从左至右	双目关系运算符
8	&	按位与	从左至右	双目位运算符
9	^	按位异或	从左至右	双目位运算符
10	|	按位或	从左至右	双目位运算符
11	&&	逻辑与	从左至右	双目逻辑运算符
12	||	逻辑或	从左至右	双目逻辑运算符
13	?:	条件运算符	从右至左	三目运算符
14	=、+=、-=、*=、/=、%=、>>=、<<=、&=、^=、|=	赋值运算符合和复合赋值运算符	从右至左	双目运算符
15	,	逗号运算符	从左至右	顺序求值运算符

附录 C 常用的 C 语言库函数

本附录将分类列出 C 语言提供的常用库函数及其简要介绍。

C.1 数学函数

使用数学函数时，应该在源程序中引入头文件 math.h。数学函数库函数及其简要功能见附表 C.1。

附表 C.1 数学函数库函数及其功能

函 数 名 称	函 数 原 型	函 数 功 能
abs	int abx(int x);	求整数 x 的绝对值
fabs	double fabs(double x);	求浮点数 x 的绝对值
exp	double exp(double x);	求指数 e^x 的值
log	double log(double x);	求对数 $\log_e x$ 即 $\ln x$ 的值
log10	double log10(double x);	求对数 $\log_{10} x$ 即 $\lg x$ 的值
pow	double pow(double x, double y);	计算方幂 x^y 的值
sqrt	double sqrt(double x);	计算 x 的平方根
sin	double sin(double x);	计算 x 的正弦值
cos	double cos(double x);	计算 x 的余弦值
tan	double tan(double x);	计算 x 的正切值
asin	double asin(double x);	计算 x 的反正弦值
acos	double acos(double x);	计算 x 的反余弦值
atan	double atan(double x);	计算 x 的反正切值
rand	int rand(void);	产生 $-90 \sim 32\,767$ 间的随机整数，需要引入头文件 stdlib.h
sinh	double sinh(double x);	计算 x 的双曲正弦函数的值
cosh	double cosh(double x);	计算 x 的双曲余弦函数的值
tanh	double tanh(double x);	计算 x 的双曲正切函数的值
floor	double floor(double x);	求出小于或等于 x 的最大整数
ceil	double ceil(double x);	求出大于或等于 x 的最小整数

C.2 字符函数

使用字符函数时，应该在源程序中引入头文件 ctype.h。字符函数及其简要功能见附表 C.2。

附表 C.2 常用字符函数库函数及其功能

函 数 名 称	函 数 原 型	函 数 功 能
isalnum	int isalnum(int ch);	检查 ch 是否为字母或数字
isalpha	int isalpha(int ch);	检查 ch 是否为字母
iscntrl	int iscntrl(int ch);	检查 ch 是否为控制字符
isdigit	int isdigit(int ch);	检查 ch 是否为十进制数字字符
isgraph	int isgraph(int ch);	检查 ch 是否为打印字符（不包含空格字符）
islower	int islower(int ch);	检查 ch 是否为小写字母
isupper	int isupper(int ch);	检查 ch 是否为大写字母
isprint	int isprint(int ch);	检查 ch 是否为打印字符（包含空格字符）

续表

函 数 名 称	函 数 原 型	函 数 功 能
ispunct	int ispunct(int ch);	检查 ch 是否为标点字符
isspace	int isspace(int ch);	检查 ch 是否为空格、制表符、回车或换行符
isxdigit	int isxdigit(int ch);	检查 ch 是否为十六进制数字字符
tolow	int tolow(int ch);	将 ch 转换为小写字母
toupper	int toupper(int ch);	将 ch 转换为大写字母

C.3 字符串函数

使用字符串函数时，应该在源程序中引入头文件 string.h。字符串函数及其简要功能见附表 C.3。

附表 C.3　常用字符串函数库函数及其功能

函 数 名 称	函 数 原 型	函 数 功 能
strcat	char *strcat(char *str1, char *str2);	把字符串 str2 接到 str1 后面，str1 最后的 '\0' 被取消
strchr	char *strchr(char *str, int ch);	找出指向的字符串中第一次出现字符 ch 的位置
strcmp	char *strcmp(char *str, char *str);	比较两个字符串 str1 和 str2 的大小
strcpy	char *strcpy(char *str1, char *str2);	把 str2 指向的字符串复制到 str1 中去
strlen	unsigned int strlen(char *str);	统计字符串 str 中字符的个数（不包含 '\0'）
strstr	char *strstr(char *str1, char *str2);	找出字符串 str2 在 str1 中第一次出现的位置

C.4 输入 / 输出函数

使用输入/输出函数时，应该在源程序中引入头文件 stdio.h。输入/输出函数及其简要功能见附表 C.4。

附表 C.4　常用输入 / 输出函数库函数及其功能

函数名称	函 数 原 型	函 数 功 能
fclose	int fclose(FILE *fp);	关闭 fp 所指的文件，释放文件缓冲区
feof	int feof(FILE *fp);	检查文件是否结束
fgetc	int fgetc(FILE *fp);	从 fp 所指定的文件中取得下一个字符
fgets	char *fgets(char *buf, int n, FILE *fp);	从 fp 所指定的文件读取一个长度为 $(n-1)$ 的字符串，存入起始地址为 buf 的空间
fopen	FILE fopen(char *filename, char mode);	以 mode 指定的方式打开名为 filename 的文件
fprintf	int fprintf(FILE *fp, char *format, args, …);	把 args 的值以 format 指定的格式输出到 fp 所指定的文件中
fputc	int fputc(char ch, FILE *fp);	将字符 ch 输出到 fp 指向的文件中
fputs	int fputs(char *str, FILE *fp);	将字符 ch 输出到 fp 指向的文件中
fread	int fread(char *pt, unsigned size, unsigned n, FILE *fp);	从 fp 所指定的文件中读取一个长度为 size 的 n 个数据项，存到 pt 所指向的内存区
fscanf	int fscanf(FILE *fp, char format, args, …);	从 fp 所指定的文件中按 format 给定的格式将输入数据送到 args 所指向的内存单元（args 是指针）
fseek	int fseek(FILE *fp, long offset, int base);	将 fp 所指向的文件的位置指针移到以 base 所给出的位置为基准、以 offset 为位移量的位置
ftell	long ftell(FILE *fp);	返回 fp 所指向的文件中的读写位置
fwrite	int fwrite(char *ptr, unsigned size, unsigned n, FILE *fp);	把 ptr 所指向的 n*size 字节输出到 fp 所指向的文件中
getc	int getc(FILE *fp);	从 fp 所指向的文件中读入一个字符
getchar	int getchar(void);	从标准输入设备读取下一个字符

函数名称	函 数 原 型	函 数 功 能
printf	int printf(char *format, args, …);	按 format 指向的格式字符串所规定的格式，将输出列表 args 的值输出到标准输出设备
putc	int putc(int ch, FILE *fp);	把一个字符 ch 输出到 fp 所指的文件中
puchar	int putchar(char ch);	把字符 ch 输出到标准输出设备
puts	int puts(char *str);	把 str 指向的字符串输出到标准输出设备，将 '\0' 转换为回车换行
getw	int getw(FILE *fp);	从 fp 所指向的文件读取下一个字（整数）
putw	int putw(int w, FILE *fp);	将一个整数 w（即一个字）写到 fp 指向的文件中
rewind	void rewind(FILE *fp);	将 fp 指示的文件中的位置指针置于文件开头的位置，并清除文件结束标志和错误标志
scanf	int scanf(char *format, args, …);	从标准输入设备按 format 指向的格式字符串所规定的格式，输入数据给 args 所指向的内存单元

C.5 动态存储分配函数

使用动态函数时，应该在源程序中引入头文件 stdlib.h。动态存储分配函数及其简要功能见附表 C.5。

附表 C.5 常用动态函数库函数及其功能

函数名称	函 数 原 型	函 数 功 能
calloc	void *calloc(unsigned n, unsigned size);	分配 n 个数据项的内存连续空间，每个数据项的大小为 size
malloc	void *malloc(unsigned size);	分配大小为 size 字节的内存区
realloc	void *realloc(void *p, unsigned size);	将 p 所指向的已分配内存区的大小改为 size，size 可以比原来分配的空间大或小
free	void free(void *p);	释放 p 所指的内存区

附录 D　C 语言中的关键字

索　引	关 键 字	解　　释
a	auto	声明自动变量
b	break	跳出当前循环
c	case	开关语句分支
	char	声明字符型变量或函数
	const	声明只读变量
	continue	结束当前循环，开始下一轮循环
d	default	开关语句中的"其他"分支
	do	循环语句的循环体（与 while 连用）
	double	声明双精度变量或函数
e	else	条件语句否定分支（与 if 连用）
	enum	声明枚举类型
	extern	声明变量是在其他文件中声明
f	float	声明浮点型变量或函数
	for	一种循环语句
g	goto	无条件跳转语句
i	if	条件语句
	inline	C99 标准新增关键字
	int	声明整型变量或函数
l	long	声明长整型变量或函数
r	register	声明寄存器变量
	restrict	C99 标准新增关键字
	return	子程序返回语句（可以带参数，也可不带参数）
s	short	声明短整型变量或函数
	signed	声明有符号类型变量或函数
	sizeof	计算数据类型长度
	static	声明静态变量
	struct	声明结构体变量或函数
	switch	用于开关语句
t	typedef	用以给数据类型取别名
u	union	声明共用数据类型
	unsigned	声明无符号类型变量或函数
v	void	声明函数无返回值或无参数，声明无类型指针
	volatile	说明变量在程序执行中可被隐含地改变
w	while	循环语句的循环条件
索引	关键字	解释
_	_Bool	C99 标准新增关键字
	_Complex	C99 标准新增关键字
	_Generic	C11 标准新增关键字
	_Imaginary	C99 标准新增关键字

参考文献

[1] 谭浩强. C程序设计 [M]. 5版. 北京：清华大学出版社，2017.

[2] 金龙海，李聪. C语言程序设计实验指导与习题解答 [M]. 北京：科学出版社，2016.

[3] 苏小红，王宇颖. C语言程序设计 [M]. 4版. 北京：高等教育出版社，2019.

[4] 苏小红，王甜甜. C语言程序设计学习指导 [M]. 4版. 北京：高等教育出版社，2019.

[5] 尚展垒，王鹏远. C语言程序设计 [M]. 北京：电子工业出版社，2017.

[6] 王鹏远，尚展垒. C语言程序设计实践教程 [M]. 北京：电子工业出版社，2017.